压缩机操作工

彭德厚　编著

化学工业出版社

·北京·

本书介绍了离心式压缩机、往复式压缩机和蒸汽透平机的工作原理、运行、开停车、日常维护、技术管理、故障处理等。本书针对化工和石油化工企业压缩机岗位培训的要求编写，理论部分深度适宜、浅显易懂，重点突出生产岗位按章操作，常见故障现象和解决以及初步编制岗位操作规程等现场操作人员需要具备的专业技术。

本书可作为化工、石油化工企业压缩机岗位操作工培训用书，也可供高职高专化工专业教学使用。

图书在版编目（CIP）数据

压缩机操作工/彭德厚编著. —北京：化学工业出版社，2014.3（2022.5重印）
ISBN 978-7-122-19305-6

Ⅰ.①压…　Ⅱ.①彭…　Ⅲ.①压缩机-岗位培训-教材
Ⅳ.①TH45

中国版本图书馆 CIP 数据核字（2013）第 304134 号

责任编辑：李玉晖　　　　　　　　　　装帧设计：王晓宇
责任校对：陶燕华

出版发行：化学工业出版社（北京市东城区青年湖南街 13 号　邮政编码 100011）
印　　装：北京科印技术咨询服务有限公司数码印刷分部
710mm×1000mm　1/16　印张 9½　字数 142 千字　2022 年 5 月北京第 1 版第 2 次印刷

购书咨询：010-64518888　　　　　　　售后服务：010-64518899
网　　址：http://www.cip.com.cn
凡购买本书，如有缺损质量问题，本社销售中心负责调换。

定　　价：48.00 元　　　　　　　　　　　　　版权所有　违者必究

前言

FOREWORD

本书是为化工生产过程中压缩机岗位操作工编写的一本培训教材。本书具有以下特点。

一、理论联系实际，重点对压缩机岗位的操作技术进行了详细的介绍，让学员初步了解制定压缩机岗位操作规程的方法与步骤。

二、考虑到主要是供压缩机岗位操作工岗前培训和在岗继续学习之用，并且考虑了目前操作工的实际构成及理论水平参差不齐的实际情况，所以本书理论上力求够用且浅显易懂，操作技术上力求实用且易学。

三、对压缩机岗位可能出现的故障进行了详细的分析和探讨，力求使操作工在操作过程中能及时、准确地判断故障的原因，采用恰当的措施消除故障，保证压缩机安全的运行。

四、本书的学习重点和难点都在每章开头以知识目标和能力目标列出，学习目标明确，有利于操作工和学生的学习与掌握。

电动机作为压缩机驱动机械，相对蒸汽透平机作为驱动机械的操作技术较为简单，并且其理论知识属于电工学范畴，限于篇幅本书不详细介绍。

由于编者水平有限，书中有不当之处，望读者提出批评与指正。

编者
2014 年 1 月

目录 | CONTENTS |

第 1 章

离心式压缩机操作技术及理论基础

知识目标：

1. 了解离心式压缩机的主体结构；

2. 了解离心式压缩机的优缺点；

3. 理解离心式压缩机的工作原理，掌握离心式压缩机的工作过程；

4. 熟记并掌握离心式压缩机的重要操作指标；

5. 了解离心式压缩机试运转的目的和意义；

6. 掌握离心式压缩机试运转前的准备工作内容；

7. 掌握与离心式压缩机相连的工艺管道的冲洗方法与步骤；

8. 掌握油系统冲洗与调节的方法与步骤；

9. 掌握冷却系统的冲洗的方法与步骤；

10. 了解离心式压缩机试运前的检查项目、内容；

11. 了解离心式压缩机试运启动后应注意的问题；

12. 掌握离心式压缩机的开车、停车方法与步骤；

13. 掌握离心式压缩机防喘振的技术；

14. 掌握离心式压缩机防反转的技术；

15. 掌握离心式压缩机日常维护与管理技术。

能力目标：

1. 能够做好离心式压缩机启动前的准备工作；

2. 能够完成离心式压缩机启动前的检查工作；

3. 能够正常启动离心式压缩机；

4. 能够完成离心式压缩机正常运行期间的各

项监管工作；

5. 能够完成正常情况下停机；

6. 能够完成非正常情况下停机；

7. 能够进行离心式压缩机日常维护与管理；

8. 能够判断、分析离心式压缩机常见故障原因，并能采取相应的措施消除故障。

1.1 离心式压缩机概述

1.1.1 离心式压缩机的应用

过去一般化工企业只是在中、低压力，大流量的场合偶尔使用离心式压缩机，大多数都是采用制造技术比较成熟、使用历史比较悠久的往复式压缩机，特别是中小型化工企业更是如此。原因一方面是对离心式压缩机结构特性和操作性能了解得不是十分透彻，感觉操作比较困难，难以驾驭；另一方面大型离心式压缩机主要依赖进口，价格也比较昂贵，因此限制了离心式压缩机的广泛应用。目前随着气体动力学的深入研究所取得的成就，离心式压缩机的效率不断提高。又由于高压密封、小流量窄叶轮的加工和多油楔轴承等关键技术的研制成功，解决了离心压缩机向高压力、宽流量范围发展的一系列问题，使离心式压缩机的应用范围大为扩展，以至于在很多场合可取代往复式压缩机。特别是近年来，由于化学工业的发展，各种大型化工厂，如乙烯裂解、甲醇合成、乙烯环氧化等，以及千万吨级炼油厂的建立，回收的废热所产生的高压、高温蒸汽为离心式压缩机的应用创造了很好的条件，所以目前离心式压缩机成为压缩和输送化工生产中各种气体的关键设备。

离心式压缩机除了在合成塑料、纤维、橡胶所需的重要化工基础原料乙烯、丙烯、丁二烯的生产过程中占有极其重要地位外，在其他方面，如石油精炼、制冷等行业中，离心式压缩机也成为关键的设备。生产规模的不断扩大，生产过程中所产生的大量的高压、高温余热需要回收利用，也为离心式压缩机的利用提供了有利条件。如甲醇生产由原先的年产几千吨、几万吨到目前的几十万吨，甚至达到几百万吨的规模，乙烯装置由原先的几万吨、十几万吨到几十万吨甚至上百万吨的规模。再者，随着人们对离心式压缩机深入研究，对其性能充分了解，其应用逐渐成熟，为离心式压缩机的推广创造了有利条件。

目前离心式压缩机大致适应范围：最小流量 5000m³/h（进口状态）；最大流量 300000～450000m³/h（进口状态）；最高出口压力 40～74MPa；主轴转速 3000～25000r/min；单缸叶轮数 5～12 个；轴功率 220～74000kW。

离心式压缩机结构性能参数表示如下。

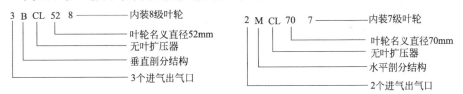

1.1.2 离心式压缩机结构及优缺点

（1）离心式压缩机的结构

如图 1-1 所示。

在离心式压缩机的应用过程中，常遇到"级"、"段"和"缸"的概念。所谓压缩机的"级"，是由"一个叶轮"及与其相配合的固定元件所构成，如图 1-1 属于单级。压缩机的"段"，是以中间冷却器作为分段的标志。而压缩机的"缸"，是将一个机壳称为一个缸，多机壳的压缩机就称为多缸压缩机。压缩机分成多缸的原因是，当设计一台离心式压缩机时，有时由于所要求的压缩比较大，需用叶轮数目较多，也就是级数较多，如果都安装在同一根轴上，则会使轴的第一临界转速变得很低，导致工作转速与第二临界转速过于接近，而这是不允许的。另外，为了使机器设计得更为合理，压缩机各级需采用不同的转速时，也需分缸。一般压缩机每缸可以有 1～10 个叶轮。多缸压缩机各缸的转速可以相同，也可以不同。由此可知，一个段内可以包含单缸或多缸，单缸可以是单级的也可以是多级的，多缸肯定是多级的。

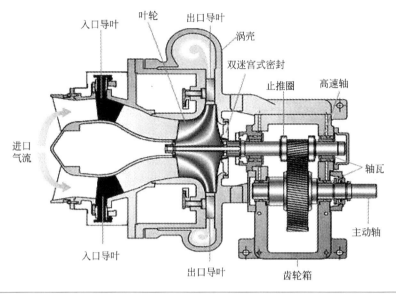

图 1-1   单级离心式压缩机纵剖面结构图

离心式压缩机主要由转子和定子两部分组成：转子包括叶轮和轴，叶轮上有数目不等的叶片、平衡盘和一部分轴封；定子的主体是气缸，还有扩压器、弯道、回流器、进气管、排气管等装置。

1）转子部分

① 主轴   它是压缩机的关键部件，它是主要起到装配叶轮、平衡盘、推力盘的作用，是转子部分的中心部位，如图 1-2 所示。

图 1-2   离心式压缩机主轴结构

② 叶轮　叶轮又称工作轮，是压缩机的最主要的部件。叶轮随主轴高速旋转，对气体做功。气体在叶轮叶片的作用下，跟着叶轮作高速旋转，受旋转离心力的作用以及叶轮里的扩压流动，在流出叶轮时，气体的压强、速度和温度都得到提高。

同离心泵的叶轮相似，按结构型式叶轮分为开式、半开式、闭式三种，在大多数情况下，后两种叶轮在压缩机中得到广泛的应用，如图 1-3 所示。闭式叶轮性能好、效率高，但由于轮盖的影响，叶轮圆周速度受到限制；半开式叶轮效率较低，强度较高；双面进气叶轮适用于大流量，且轴向力平衡好。

图 1-3　叶轮结构

③ 平衡盘　平衡盘又名卸荷盘，压缩机的平衡盘一般装在汽缸末级的后面，它的一侧受末级的气体压力，另一侧常与机器的吸气室相通，平衡盘的外圆上一般都有迷宫密封装置，使盘两侧维持压差。

④ 推力盘　推力盘主要承受推力轴承的轴向力，由光洁度很高的不锈钢板材经线切割制造而成。其两侧分别为推力轴承的正副止推块。推力盘有的设置在压缩机的高压端，有的设置在机组的压缩机的两段之间。

2）定子部分

① 气缸　它是压缩机的壳体，又称为机壳。由壳体和进气室、排气室组成，内装有隔板、密封体、轴承等零部件。对它的主要要求是：有足够的强度以承受气体的压力，法兰结合面应严密。气缸主要由铸钢组成。如图 1-4 所示。按结构特性又分为水平型、垂直型和等温型等。

水平剖分型气缸壳体是在中心线处剖分为上、下两部分，用锥销定位和螺栓联接。接合面的密封采用涂密封胶或专配密封剂，拧紧联接螺栓。此类结构的气缸进、出气管口一般布置在气缸壳体的下半部（简称缸体），检修时揭去气缸壳体上半部（简称缸盖），便可拆装和检修内件。缸体上装有两个导柱，作为装卸缸盖时引导用，以免缸盖隔板同转子相碰。如图 1-5 所示。

图 1-4 气缸结构

图 1-5 水平剖分型结构

垂直剖分型（又称筒型），气缸壳体是个整体圆筒，两端或一端设有端盖封头，用高压螺栓与筒体紧固，或用剪力环定位。端盖封头与圆筒机壳密封，常采用 O 形环和背环密封，绕型垫密封或其他型式的密封。O 形环的材料可根据介质性质、温度和压力的不同，选用硅橡胶或氟塑料等材料做成。圆筒式壳体的轴承架有与端盖封头铸成一体的，也有的用螺钉将轴承架与端盖封头联接固定。如图 1-6 所示。

等温型压缩机是为了能在较小的动力下对气体进行高效的压缩，把各级叶轮压缩的气体，通过级间冷却器冷却后再导入下一级的一种压缩机。如图 1-7 所示。

② 隔板 隔板安装在气缸壳体内，与气缸壳体或内机壳组成压缩机的气道，即形成扩压器、弯道及回流器等。隔板一般采用铸铁件，经时效热处理后加工而成。隔板均为水平剖分，以便拆卸装配。

　　③ 扩压器　扩压器的种类一般可分为无叶扩压器、叶片扩压器和直叶壁形扩压器。图 1-8 为无叶扩压器，由两个隔板平行壁构成等宽度环形通道。这种扩压器结构最简单，造价最低，工作范围大，一般离心式压缩机都采用这种结构型式的扩压器。

图 1-6　垂直剖分型结构

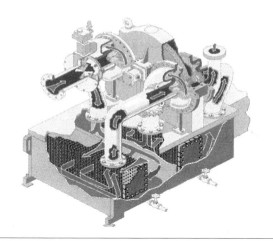

图 1-7　等温型结构

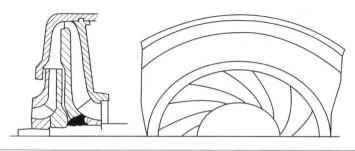

图 1-8　扩压器结构示意图

　　④ 弯道及回流器　为了把扩压后的气体引导到下一级叶轮去继续

进行增压，需要在扩压器之后设置弯道和回流器，如图 1-9 所示。弯道是连接扩压器与回流器的一个圆弧形通道。

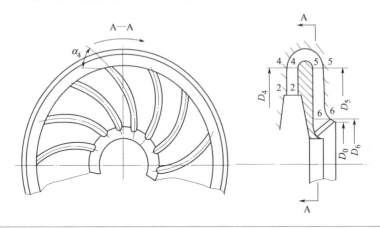

弯道及回流器结构示意图

弯道内一般不设置叶片，气流在弯道内转 180° 以后进入回流器。回流器气道中装有反向导流叶片，叶片中心线和叶轮叶片一样，也是圆弧形的，或一段圆弧和出口处一段直线相结合。叶片形状有等厚度和变厚度两种，叶片一般为 12～18 片。

⑤ 气封　密封是段与段、级与级之间的静密封。防止机器内部通流部分各空腔之间泄漏的密封称内部密封。内部密封如轮盖、定距套和平衡盘上的密封，一般做成迷宫型。如图 1-10 所示为迷宫式密封示意图。

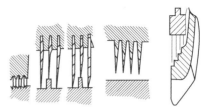

(a) 镶嵌曲折型　　(b) 整体平滑型　　(c) 台阶型

迷宫式密封示意图

防止或减少气体由机器向外部泄漏或由外部向机器内部泄漏（在机器内部气体压力低于外部气压时）的密封，称外部密封或称轴端密封。

对于外部密封来说，如果压缩的气体有毒或易燃易爆，如氨气、甲烷、丙烷、石油气、氢气等，不允许漏至机外，必须采用液体密封、机械接触式密封、抽气密封或充气密封等；当压缩的气体无毒，如空气、氮气等，允许少量气体泄漏，也可以采用迷宫型密封。化工厂的压缩机中，常采用迷宫型密封、浮环油膜密封、机械接触式密封和干气密封四种。如图 1-11 所示为浮环密封示意图。

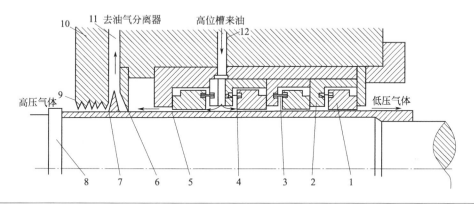

图 1-11 浮环密封

1—浮环；2—固定环；3—销钉；4—弹簧；5—轴套；6—挡油环；7—甩油环；
8—轴；9—迷宫密封；10—密封；11—回油孔；12—进油孔

（2）离心式压缩机优缺点

其主要优点如下：

① 离心式压缩机的气量大，结构简单紧凑，重量轻，机组尺寸小，占地面积小。

② 运转平衡，操作可靠，运转率高，摩擦件少，因此备件需用量少，维护费用及人员少，一般能连续运转 2 年以上，原则上不需要备用机组。

③ 在化工流程中，离心式压缩机一方面对化工介质可以做到绝对无油的压缩过程，不污染被压缩的介质，特别适用于化学反应的原料气体的压缩；另一方面供气连续稳定，更有利于化工生产的连续性操作。

④ 离心式压缩机为一种回转式运动的机器，它适宜于工业汽轮机或燃汽轮机直接拖动。对一般大型化工厂，常用副产蒸汽驱动工业汽轮机作动力，为热能综合利用提供了可能。像甲醇合成装置、乙烯环氧化装置、乙烯裂解装置等都适用于选用离心式压缩机。当然离心式压缩机也可以由电机带动。与往复式压缩机相比，驱动机械的动力可以多

样化。

主要缺点如下：

① 离心式压缩机目前还不适用于气量太小及压缩比过高的场合。压缩比就是压缩机出口的压力与进口压力的比值 p_2/p_1。压缩比过高，则在进口压力一定的情况下出口压力过高。压缩是一个绝热过程，出口压力过高，则出口气体的温度过高，这样会造成压缩机的强度降低，甚至发生危险。离心式压缩机在气量过小的情况下容易发生喘振现象，喘振现象的发生对于高压运行的设备来说也是相当有害的（见 1.3.7 压缩机的喘振与防喘振）。喘振现象是离心式压缩机一个特有的现象。

② 离心式压缩机的稳定工况区较窄，其气量调节虽较方便，但经济性稍差，特别是要求流量偏离设计点时，效率略有下降。

③ 目前离心式压缩机效率一般比往复（活塞）式压缩机低。

④ 离心式压缩机制造精度要求高。

目前我国在中高压离心式压缩机引进、消化、吸收的基础上，已能掌握大型高性能离心式压缩机的制造技术，完全依赖进口的局面已经被打破。

1.1.3　离心式压缩机的工作原理

离心式压缩机用于压缩气体的主要部件是高速旋转的叶轮和通流面积逐渐增加的扩压器。简而言之，离心式压缩机的工作原理是通过叶轮对气体做功，在叶轮和扩压器的流道内，利用离心升压作用和降速扩压作用，将机械能转换为气体的压力能。透平机（汽轮机）或电动机带动离心式压缩机主轴叶轮高速旋转，旋转所产生的离心力将叶轮中心吸入的气体甩到工作轮后面，进入到逐渐扩大的气流通道的扩压器中去。而在工作轮的中心就形成稀薄气体地带，前面的需要被压缩的气体就会源源不断地从工作轮中心的进气道进入叶轮，由于工作轮不断旋转，气体能连续不断地被甩出去（类似于离心泵），从而保持了压缩机中气体的连续流动。气体因获得离心力作用而增压增速，并以很高的速度离开工作轮，但气体经扩压器后逐渐降低了速度，部分动能转变为静压能，压力得到了进一步提高。如果一个工作叶轮所得到的压力还不能满足要求，可通过使用多级叶轮串联起来（类似于多级泵）工作的办法来达到对出口压力的要求，对于离心式压缩机的级数可以多达十级以上，而级间的串联是通过弯通、回流器来实现的。

离心式压缩机工作时，气体由进气口进入机体，在第一级叶轮内压缩后，由第一级叶轮的出口被吸至第二级的叶轮中心，如此经过所有的叶轮，最后由排气口排出，这就是离心式压缩机的工作原理。由于气体压力逐级增大，气体体积则相应的缩小，因而叶轮也逐级变小。当气体经过数次压缩后，其温度显著上升，气体温度过高对压缩机的安全造成影响，所以将需要经过级数较多压缩过程才能达到出口压力要求的压缩机分为若干段。这样每一段又包括若干级，每一段内所包含的若干级可以是单缸的也可以是多缸的，段与段间必须设置中间冷凝器和气液分离器，以降低下一段进口气体的温度和脱除气体中的可凝组分。气体的压缩比越大，气体的温升就越大，温升的热效应所产生的热应力就越大，对压缩机设备的安全性的影响就越大，则级间设置中间冷却器是必需的，而且构成了压缩装置的重要系统——冷却系统。

如某合成甲醇装置所用的新鲜合成气所需的压缩机是通过由商家交付的两台单缸压缩机实现的。该压缩机为桶形离心式压缩机。合成气经压缩机第一缸（低压）6 个叶轮，即 6 级，第二个缸（高压）5 个叶轮，即 5 级的升压后与循环气经过一个叶轮，即单级的压缩机升压后混合。其第一缸与第二缸，也就是第一段与第二段之间有一个带有气液分离器的中间换热器，其作用是将第一缸出口气体降温后进入第二缸进行压缩，并分离出经第一缸被压缩气体中可凝气体所产生的冷凝液，该冷凝液被送往工艺冷凝液汽提塔汽提。

如上所述，压缩机的压缩过程是一近似的绝热过程，虽然缸体采取有效的换热措施，但被压缩的介质温升仍然较大，如若不进行段间冷却，进入第二段的入口气温就会较高，经过第二段压缩后的气体温度则会更高。结果压缩机的强度就会大大下降，危险程度就会大大上升，所以压缩比较大需采用多级压缩时，必须分成多段，段与段间必须采用冷却与气液分离装置，以保证压缩机进口的气温和不含液滴的要求。

由于喘振是离心式压缩机特有的现象，所以离心式压缩机防喘振措施是必不可少的。如某甲醇厂新鲜合成气压缩机有一个防喘振的保护回路。该回路利用了转化单元的最终冷却器和最终分离器。循环气压缩机无需额外的防喘振保护，因为甲醇合成回路本身就可以看成是防喘振回路。

1.2 离心式压缩机组的试运转

1.2.1 基本条件

离心式压缩机组的系统结构比较复杂,其运行状况除了取决于机组本身的特性、工艺管网的配合性能和安装质量等客观因素之外,还与操作人员是否精心操作、能否正确地进行开、停车等主观因素有关。为了保证压缩机组的运行质量,在运行中必须完善各种监测和检查的手段,并对所有获取的数据进行认真的分析和处理,根据分析和处理的结果以确定压缩机运行的质量是否可靠。由于压缩机组的类型和驱动方式不同,用途不同,其开停车的方法和运行也不完全相同。因此,工厂应结合机组的特性和装置使用说明书编制出自己的试运行和开停车及运行维护的规程,并在实际运行中严格遵守。

(1)压缩机组运行的必备条件

1)每台机组及其附属设备均应有设备制造厂商的金属铭牌,其铭牌上的技术参数不得涂抹,应清晰可见。机组维护与保养应该责任到人,做到定人、定设备、定时维护与保养,日常维护要保证设备能正常运转,设备外观应无油污和灰尘等。

2)每台机组应有完善的技术档案资料,包括相关的技术规范、制造厂家的使用说明书、有关图纸、性能曲线,特别是喘振线、装置系统图、试验记录和验收记录、安装说明书和技术数据、重要设备的安装记录、竣工验收资料、中间交接记录和运行试车规程、试车记录、运行检修记录、设备事故和运行异常记录以及重大技术改进记录等。

3)压缩机组及其附属设备和管道应全部安装或检修完毕,其质量必须符合技术规范的要求。管道系统安装正确,连接牢靠,无松动现象,密封良好,阀门开启灵活。

4)机组各类监测仪表和自动调节、安全保护、报警联锁等装置需装备齐全并确认动作可靠。压缩机出口管路上设置的止逆阀工作正常,防喘振自动控制阀已调整合格。

5)机组厂房内各主、辅设备的管道、各层地面、地沟和门窗玻璃等,均清洁完整。地面平整,沟道有盖板,危险处有护板,现场照明充足,各类阀门的状态已处于开车状态。

6）运行人员必须经过理论和实际操作培训而且考核合格后，才能参加运行操作。运行人员应熟悉所运行的压缩机的机组结构、系统、性能和操作指标，熟悉操作规程中的各有关规定，通晓安全保护系统和事故处理等有关程序。

7）操作岗位准备齐全。一是应有必要的操作规程、装置系统图、操作参数表、机组性能曲线、升速曲线，主要是喘振线、运行日记、试验记录、缺陷记录、值班记录；二是应配备必要的工具，如塞尺、钳子、扳手、手电、听棒、手提式测振仪、转速表和劳动保护用品等；三是具有与主控室之间的可靠的通信工具，如固定电话或对讲机等，工厂内一般建议不采用手机联系，容易产生安全隐患，如确实需要手机联系最好不要在生产场所，并采用短信联系的方式；四是消防器材齐备并置于固定的位置，性能良好便于随时动用，平时消防器材、消防通道都有禁用标志。

8）生产工艺用水、公用工程用水、气（汽）供应充足、质量合格，电力有保障。

9）下列情况下禁止启动机组：驱动机（如透平机组、电机）不具备启动条件，例如汽轮机组主蒸汽参数（温度、压力、流量等）不符合规定要求；汽轮机危机保安动作不正常；保安系统工作不正常；进汽轮机的主汽阀或调节汽阀卡涩，不能关严；缺少转速表或转速表失灵，监测仪表或仪表工作不正常；汽轮机不能维持空转运行；机组系统或零部件存在故障或缺件未能装（修）配齐；油系统或其他辅助系统不正常；大修或故障检修后，其验收、交接或批准手续不齐全或者机组没有经过验收。

（2）压缩机组的重要过程操作

为了保证机组正常运行，对机组的重要过程操作必须慎重，应在资料分析、设备现状调查和方案讨论后并经技术总监或负责人批准，指定专人负责执行其操作，有关负责人和运行人员均应在场。重要过程操作主要有：

1）离心式压缩机大修后或因重大事故停机后的启动。

2）设备或装置重大改进后的启动或有关新技术的第一次试用。

3）压缩机和驱动机的运行条件有重大改变，即工况有改变。

4）压缩机的防喘振试验。

5）汽轮机的初次启动，汽轮机危机保安器的定期超速试验，汽轮机调速系统的试验，包括主汽阀、调速汽阀、抽气阀和抽汽逆止阀等。

要求操作人员对重要过程操作时必须慎重，只有在反复确认符合操作条件时方能操作！

（3）机组操作的重要指标

根据制造厂商的有关说明书和试验资料，规定机组运行的重要操作指标，在运行中不得超过这些厂商规定的指标。

1）汽轮机的主蒸汽参数，如压力、温度；汽轮机的最大排汽压力和流量以及排汽缸的温度；冷凝器内的排汽压力、汽轮机的背压和调整抽汽压力；汽轮机通流部分蒸汽流量，汽轮机调节保安系统的动力及安全油压，汽轮机的监视段的压力等。

2）压缩机各段进、出口压力、温度和流量。

3）机组油润滑系统的油压、油温和油量以及密封油压力。

4）机组最高的允许工作转速、功率，机组的振动和轴向位移的最大允许值。

5）机组的冷却系统的水压、水温和水量。

1.2.2　试运转的目的

压缩机组安装或检修完毕后，必须进行试运转，这是一个单级试车过程（包括驱动机和齿轮变速器试验），必须在联动试车或系统试车之前完成，而且不需要等待其他机器或设备一起试车，可以单独试车。压缩机的试运转（单级试车）的主要目的是：

① 检查设备各系统的装置是否符合设计要求，如排气的温度、压力，中间冷却器的冷却效果等。

② 检验和调整机组各部分的运动机构是否达到良好的磨合，如转子与定子之间是否有碰撞或摩擦的声音等。

③ 检验和调整电气、仪表自动控制系统及其附属装置，确保其正确性与灵敏性。

④ 检验机组的油系统，如油压和油温等；检查冷却系统，如冷却水量、水质、水温等；检查工艺管路系统及其附属设备。并通过气密性试验检查法兰与焊缝处是否有泄漏，并进行吹扫合格。

⑤ 检验机组的振动，并对机组所属的机械设备、电气、仪表等装置及其工艺管路设计、制造和安装质量进行全面的考核。

要求试车时发现问题应如实记录，试车时厂商、建设方和施工方均应在场，对于发现的问题要查找原因，采取措施，积极处理，否则不予交接。通过试运转为联动试车和化工投料试车做好充分的准备，创造良好的条件。

1.2.3 试运转前的准备工作

压缩机组在启动运行之前应进行一些准备工作，除应达到前述机组运行的基本条件之外，还应包括试运人员的组织培训、工艺管道和气、水管道的冲洗以及压缩机和驱动机的检查与试验、油系统的清洗与检查。

（1）试运转人员的组织与培训

压缩机在试运转之前必须建立专门的试运机构，指定专人负责，定岗定员，组织培训。培训的要求是运转人员必须了解并掌握压缩机组的系统组成、结构特性、操作规程和简单的事故分析与处置。在培训期间，运行人员要学习试车规程、试车方案、操作规程和事故分析与处理办法，并到设备生产厂家或设备生产厂家指定的用户经过较长时间的理论培训和操作实训，需要三个月甚至更长时间。实训结束时需经考核合格取得上岗证后方能参加现场机组试运转。即使取得上岗证，初始时也必须在工程技术人员或有经验的操作人员的指导下参与试车，不能独立操作。建议压缩机组的运行人员一般要从生产工艺人员中选拔，这样受训人员来源广、做到好中选优，可以和生产工艺人员融为一体，有利于整个生产工艺的运行。对压缩机运行人员除了要求操作技术过硬外，还要求责任心要强，工作要细致，脑子要灵活，处事要果断，心理素质要好，遇事当断要断不要拖泥带水，最重要的是要有爱岗敬业的精神。压缩机是生产装置中重要的高速、高压、高温设备，所以运行人员必须经过精心的选拔。

（2）驱动机的单机试车

试运转前要对压缩机的驱动机和齿轮变速器进行严格的检查和必要的调整试验，并进行驱动机的单机试车和驱动机与齿轮变速器串联在一起的联动试车，经严格检验，验收合格后方能试运。

（3）压缩机的检查与准备

1）压缩机安装或检修完成后应对机组各部件进行严格的检查，机组的安装或检修质量应符合有关图纸和技术规范的规定。

2）要进行必要的调整与试验，确认所有的紧固件已经紧固，管道连接牢固，而且外接管道不得对压缩机产生额外的应力，密封良好，阀门安装正确，特别是调节阀的方向，以及自控阀组的安装要正确，启动灵活，检查联轴器连接对中是否符合要求。

3）压缩机经盘车，检查转子有无刮擦现象，齿轮变速器的齿轮啮合是否良好。

4）检查气体管线的安装与支承后弹簧支座是否合适，膨胀节是否能自由伸缩。

5）检查中间冷却器，打开壳体的疏水阀排除积水，使疏水阀处于自由排放状态，有时也可以通过疏水阀的旁通阀排净积水。

6）对中间冷却器的管侧通水、排气。

7）打开各段缸体疏水阀进行排水，各管道最低处的放净阀打开排水，排净水后再关上。

8）检查防喘振阀，各段的放空阀或回流阀是否已经打开，防喘振的调节阀应调整在最小允许流量。尽量少开放空阀，以减少不必要的能量浪费。除了空气压缩过程可以打开放空阀以外，对于有毒有害的工艺气体的压缩过程尽量不开放空阀，即使打开也要采取必要的措施，以防造成环境污染或安全事故的发生。

9）检查管路系统法兰上的盲板是否已拆除，这是吹除扫净后或气密性试验后应该注意的问题，否则会造成试车事故的发生。各阀门安装位置和方向是否正确，特别应注意管道出口上逆止阀的方向不得装错，这是停车时防止压缩机倒转的一个重要保障。

（4）工艺管道的吹扫与清洗

1）吹扫　初次开车前（对于新建装置）和检修的管子焊接之后，必须对工艺管道进行彻底的吹扫，管内不得留有异物，吹扫前在缸体的入口管内加装锥形滤网（或者用一个管道过滤器），运行一段时间后再取出，以确保异物不进入气缸之内。吹扫管道的出气口处用湿白纱布检查，直到无黑点方为吹扫合格。吹扫一般用压缩空气，反复、气量忽大忽小脉冲方式吹扫。吹扫时用木榔头轻击管道的外壁，千万不要用铁的东西敲击。吹扫一般是分段吹扫。

2）清洗　管道内部如有油污先用蒸汽吹扫清洗除油，然后用酸洗除锈，除锈后必须中和处理并用清水冲洗干净，然后干燥，以确保气体管道内的清洁。酸洗除锈过程若是碳钢管道则用5％～10％的稀盐酸酸洗；若是不锈钢管道则用5％～10％稀硝酸清洗。无论用盐酸或硝酸清洗管道后必须进行中和处理，以防氢脆现象的发生。中和处理后必须用水清洗，以清洗液为中性方为合格。

（5）电器、仪表系统的检查

检查各测试点（压力、温度、流量）的位置是否正确，与控制元件、保安装置的联锁是否符合要求。仪表信号和各电器联锁装置应完善，并经校验合格，动作灵敏、准确，各自控制系统均应进行静态特性试验并符合要求。电路系统应处于正常供电状态，电控系统要符合要求。

（6）油系统的冲洗与调试

1）压缩机油路系统的油冲洗的必要性　离心式压缩机组对所用的润滑油、密封油和调节动力油的油质要求十分干净，不允许有较大颗粒的杂物存在。因此，在压缩机安装完毕之后，在试运之前必须对油系统进行彻底的清洗。

压缩机出厂后随机带来的安装在主机和油箱附近的油管路和管路附件，虽然在制造厂进行了油清洗，但由于长途运输、密封不严等原因造成在油路系统内发现有一定的油污、铁屑、焊渣等异物；还有些需要在现场进行配制连接的，没有进行过油清洗的，也会有焊渣、氧化物、尘土等杂质夹带在管路内；高速运行的轴承以及调节阀、调速器在运行中即使进入少量的杂质，也会使轴承烧坏或使调节阀、调速器失灵，而危及整个机组的安全运行。因此必须对油路系统进行认真的油清洗，才能保证正常运行中油路畅通，各部件动作准确灵敏。

2）油路系统冲洗的常用方法　油路系统清洗的方法一般是在正常操作油压之下，用机组运行用的油在系统内进行不断地循环，同时使油在一定的温度范围内骤冷骤热，冷却和加热的时间越短越好。但是由于油系统的油量很大，散热面积大，加上加热和冷却的设备能力的限制，一般要求在1～2小时内从20℃加热到80℃，保温2h，再用1h降温到20℃，保温2h后再加热。如此反复进行，造成热冲击，在冷却的同时用木榔头按油路走向顺序敲打管壁，特别是焊缝处弯头部分，进行振动，使氧化物、焊渣等物质松动脱落，以除去管内存有的杂质。

此外还可以采取其他措施，如分段冲洗；间断开停油泵及关开油路阀门,使冲洗油在管内产生旋涡流动;向管内充入氮气,使冲洗油在管内产生紊流,以提高冲洗效果;设法提高油的流速,加大冲洗流量,为此可用一个适当规格的油泵,增加管内流量。

油的加热可以利用油箱底部的加热盘管,还可利用并联油的冷却器,使一组通热水,另一组仍通冷水,用来交替对油进行加热或冷却,如通热水有困难,可在冷却器的进水侧接一低压蒸汽管,在冷水中通蒸汽把水加热。

油系统的清洗工作应分几个步骤来进行。首先是机械或人工方法除去设备和管路内大量的尘土、杂物和油污等;其次是化学酸洗除去设备及管路中的铁锈;最后是水冲洗合格。

3)油路系统部件的清洗

a. 油箱的清洗 首先检查油箱中的保护油漆,被油浸没部分的油箱下部的油漆层应该用喷砂方法除去或用喷灯、液化气火焰烘烤后人工除去;没有被油浸没的油箱上部的油漆层最好不要除去,因为它不能浸泡在油中而容易生锈。若顶部油漆质量太差,则除去后再重新涂刷耐油耐温油漆。油漆层除去后应将油箱内用汽油彻底清洗干净,并用面粉团将剩余的污物或布纤维等粘出。清理干净后,油箱内应立即灌入冲洗油,油要通过压滤机灌入,以免杂物进入,灌油量应大于60%的储油量,以保证油泵顺利地吸油。

b. 油过滤器的清洗 首先拆下油过滤器芯,然后检查内部的油漆情况,若油漆良好,只需要用汽油清洗后再用面粉团粘尽污物即可,否则也应进行喷砂处理。喷砂后仔细用压缩空气吹去余砂,并用面粉团粘去可能有的细小砂粒,清洗完毕后灌上冲洗油,盖上端盖。

c. 油冷却器的清洗 对油冷却器应进行抽芯检查,若发现内筒壁或列管有锈蚀、污垢而需要进行化学清洗时,必须先进行脱脂,若不先脱脂而进行酸洗,那么酸与油脂发生化学变化后生成泡沫状的污物附在筒壁内和列管上是很难除尽的。脱脂处理一般是蒸汽脱脂或用二氯乙烷或三氯乙烷脱脂。脱脂后,内筒可采用酸洗或喷砂法处理,但采用喷砂法处理时必须严格清砂。列管表面若锈蚀较为严重,则应进行化学清洗。若稍有杂质污垢等用蒸汽或压缩空气吹净即可。油冷却器清洗完毕并重新组装后进行试压,油腔最好用油试压,水腔可用水试压,若无条件做油压试验时,油腔也可以不做油压试验。试压完毕后油腔应注满冲洗油。

d. 油蓄压器的清洗　油蓄压器均为不锈钢或内衬不锈钢的容器，只需用压缩空气吹净即可。

e. 高位油槽清洗　高位油槽在安装之前，就应进行喷砂处理或酸洗处理。

f. 轴承箱的清洗　打开轴承箱盖彻底清除杂物，并用面粉团把污物粘掉。

g. 不锈钢管的清洗　所有的不锈钢管内部在安装之前均应分段进行人工清理。首先用旧布缠绕细圆钢杆所自制的拖把在管内来回抽拉，然后用大量的热水冲洗，最后烤干。管道焊接工作采用氩弧焊，以避免内部出现焊渣，根部要焊透，以避免留存污物。

h. 碳钢管的清洗　对 $\phi 3''$（DN75）以上的碳钢管，即所谓大管，采用喷砂处理，喷砂结束后立即倒出余砂，并用木锤敲震，力求将砂倒净，然后用压缩空气仔细地吹净。最后在内表面涂上机油保护，管子两端设法封闭等待安装。但要注意：喷砂以后的清砂工作必须非常严格、仔细，否则砂子带入油系统将很难除去。在内表面涂油时，注意不能用棉纱或旧布擦，否则，油系统将残存大量的纤维丝。涂油时可将管路两端用薄盲板或木塞临时封堵，然后倒入机油并来回滚动，使油膜能覆盖所有的内表面。

对于 $\phi 3''$（DN75）以下的碳钢管，即所谓小管，首先应观察管子内部有无大块泥土、石块，并用木锤子敲击管路后将杂物倒出。然后用钢丝刷，最好是用圆盘钢丝刷绑上木杆拖刷管路内部。经机械清理后的管路，放入酸洗槽浸泡 4～5h。取出后用清水（最好用热水）冲洗之后再放入碱洗槽中和 10～20min。取出后再用水清洗，并用石蕊试纸检查水的酸碱度。当确认冲出的水已呈中性时，用蒸汽在管壁上加热，使管内水分蒸干，最后浇涂机油保护并用木塞或塑料布封闭端头。

凡原来管内有油脂保护的，需先用蒸汽吹除脱脂，或用二氯乙烷、三氯乙烷等脱脂。

i. 管路附件的清洗　油路系统中的附件包括窥视镜、管件、阀门和三通等，都要进行仔细地清洗。管路中的焊缝有未焊透的应予补焊，有焊瘤的应予以铲除，法兰内口焊缝应平滑饱满，以避免杂物存留在死角上。在管路上焊接三通管时应先将管路切口开好，并磨好坡口后再进行清洗，在组装时用氩弧焊打底。

4）油系统的冲洗与验收

a. 准备工作

用压滤机向油箱注入冲洗油，油位应达到最高液位。油在运到现场后应逐桶进行外观检查，并按桶数抽查 10%～15% 进行油的常规分析。然后在透平的调速油总管处拆开，配置临时回油管进入前轴承箱；拆下伺服马达，在动力油管开口处直接配置临时管进入轴承箱；对密封油管也应设置临时管路，使其不通过密封而进入回油管。一般不允许冲洗油进入轴承，而应配置临时管路直接进入回油管。用假瓦找正的机组，可在假瓦上钻一个直角孔，使循环油形成回路排入轴承箱。所有冲洗用的临时油管最好用碳钢管配置，并且也应事先进行化学清洗，处理干净后方可使用。

b. 第一次冲洗

在第一次冲洗时，可在过滤器出口和各上油管进机组处加设过滤网，在回油总管进油箱前增设过滤盒。滤网可采用 120～200 目[1]的不锈钢丝网，每 4h 停泵拆下丝网检查一次。

第一次冲洗采用热油（60～75℃）与冷油（常温）交替冲洗的方法，冲洗时间约为 48h，使油系统内可能存在的杂物冲洗干净。在第一次冲洗过程中可用木锤频频敲击管路，特别是焊口处和弯头处。

在冲洗中若发现系统确已很干净，经数次清洗滤网时网上已很少见有杂质，也可提前结束第一阶段的冲洗工作。

在第一次冲洗结束后，视油的清洁程度而定是否需更换新油。

c. 第二次油的冲洗与验收

验收标准：油冲洗质量检查的具体标准，目前尚无统一规定。一般要求各进油滤网上肉眼看不到滤渣，或只有极个别渣点；滤油器的临时滤芯上，每平方厘米杂质少于 2～4 点即可。进口机组各厂要求也不统一，如法国索热厂，要求热油与冷油交替冲洗 20h 后，过滤器前后压差增加值不超过 0.1×10^5～0.15×10^5 Pa；美国德拉瓦和日本三菱重工公司，要求各上油口处 160～200 目[2]过滤网上，每平方厘米上肉眼可见的

---

[1] 换算为筛孔直径为 0.125～0.075mm。

[2] 换算为筛孔直径为 0.098～0.075mm。

软性杂质不超过 2 点，并允许有少量纤维丝存在，但不允许存在硬质机械杂质。

冲洗前应清洗过滤器芯和过滤器，并拆除过滤器出口滤网，然后将滤芯装入过滤器。机组上各油系统总管上的过滤网应清洗后装好，然后开始第二次油冲洗，并按上述标准验收。

油冲洗合格后应拆除临时管道，对未冲洗到的调节油、动力油小管（一般均为不锈钢管）用压缩空气吹净，然后将所有油系统管道复位。调速保安系统中各部分如主汽门、伺服马达、联合脱扣装置等均应拆开清洗后装上。

有的厂家将油冲洗分为两步。上述为第一步，第二步即按正常要求把轴承、密封和动力油系统等全部装上，让油通过所有部分，过滤器也用正式滤芯，并把润滑油、控制油的压强控制到正常操作的压强，密封油达到要求的油气压差。最后以正式滤芯及各进油口滤网上肉眼见不到滤渣，油箱内的油化学分析结果无酸、无水、无灰尘为合格。

在油路系统清洗鉴定合格后，必须立即将油路管线及其有关设备进行复位，并达到设计要求状态。

压缩机油系统的调试应具备一定的条件，如压缩机油系统不应有漏油现象；确认蓄压器内胶球完好，不漏气，不漏油；已向油系统蓄压器充入干净的氮气，调速油和密封油蓄压器充入氮气的压力应符合制造厂的规定。调整油冷器阀门的开度，保持供油温度在 35～45℃ 之间。润滑油压、调速油压和密封油压符合制造厂的要求。

5）对压缩机组油系统进行各项试验，其中包括联锁试验。联锁试验包括以下五个试验：

a. 润滑油压力低报警，启动辅助油泵试验和润滑油压力低汽轮机跳闸试验。

b. 密封油气压差低报警，辅助油泵或辅助密封油泵自启动试验和密封油气压差低汽轮机跳闸试验。

c. 密封油高位油槽的液位高、低报警试验，辅助油泵或辅助密封油泵自启动试验，密封油高位油槽液位高报警及液位高汽轮机跳闸试验。

d. 压缩机各入口缓冲罐、段间分液罐、闪蒸槽等液位高报警及液位高汽轮机跳闸试验。

e. 主机跳闸与工艺系统的联锁保护试验等。

压缩机与工艺系统的联锁试验，必须按规定进行试验合格，否则压缩机不能投入运行。

1.2.4 试运转后的检查

压缩机进行试运转后，应对整个机组（包括驱动机和齿轮变速器）进行全面的检查，检查内容主要包括：

① 拆开各径向轴承和止推轴承，检查巴氏合金的摩擦情况，看有无裂纹和擦伤的痕迹；

② 检查轴颈表面是否光滑，有无刻痕和擦伤；

③ 用压铅法检查轴承间隙；

④ 检查增速器齿轮副啮合面的接触情况；

⑤ 检查联轴器的定心情况；

⑥ 检查所有连接的零部件是否牢固；

⑦ 检查和消除试车中发现的异常部位的所有缺陷；

⑧ 更换润滑油等。

压缩机负荷试车后检查无问题时，还要进行再次负荷试车，试车的时间应达到规程的规定，经有关人员检查鉴定认为合格，即可填写试车合格记录，办理交接手续，正式交付建设方，可以进行系统的联动试车。

1.3 离心式压缩机组的开停车

1.3.1 离心式压缩机组运行前的准备与检查

1）驱动机和齿轮变速器应进行单机试车或联动试车（这里的联动试车是指压缩机组的本身，而与系统的联动试车是不同的），并经验收合格，达到完好备用状态。将驱动机、齿轮变速器和压缩机之间的联轴器装好，并复测转子之间的对中，使之完全符合要求。

2）机组油系统经清洗调整后已合格，油质化验符合要求，储油量适中，检查主油箱、油过滤器、油冷却器。倘若油箱油位不足则应加油。

检查油温，若低于 24℃，则应使用油加热器，使油温达到 35～40℃。

油冷却器和油过滤器也应充满油并排净气体。油冷却器与油过滤器的切换位置应切换至需要投用的一侧。

检查主油泵和辅助油泵，确认能工作正常，转向正确。

油温度计、压力表应当齐全，量程合格，工作正常。

用干燥的氮气充入油蓄压器中，使油蓄压器的气体压力保持在规定数值范围内。

调整油路系统各处油压是否符合设计要求。检查油系统各种联锁装置运行是否正常，以确保压缩机组安全。

3）压缩机各入口滤网应干净、无损坏，入口过滤器的滤芯已更换且过滤器合格。

4）压缩机缸体及管道排液阀门（即放净阀）已打开，排尽缸体或管道内的冷凝液后逐渐关小阀门，直到充气后有气体排出再完全关闭。注意：放净阀总是在设备或管道的最低处，放空阀总是在设备或管道的最高处。

5）压缩机各段中间冷凝冷却器引水建立冷却水循环，并打开放空阀排尽空气关闭放空阀后并投入运行。冷凝冷却器有的是立式，有的是卧式，用于小气量的立式较多，大气量卧式较多。对于立式冷凝冷却器，水走壳程；对于卧式冷凝冷却器，水走管程。

6）工艺管道系统应完好，盲板已全部拆除并已复位，不允许由于管路的膨胀、收缩和振动影响到气缸本体，也就是说管路应有适当的管架支撑，不允许以缸体作为支撑体，而在管路膨胀或收缩时对缸体产生额外的应力。管架包括支架和吊架，支架又分为水平支架和垂直支架。

7）将工艺气体管道上的阀门按启动要求调到一定的位置：压缩机的进出口阀门要关闭，防喘振的回流阀或放空阀应全开，通工艺系统的出口阀也应全闭，各类阀门的开关应灵活准确、无卡涩现象，特别是手动阀门在开车前操作工要亲自动手操作以确定阀门开启灵活。

8）确认压缩机管道及附属设备上的安全阀和防爆板已装配齐全，安全阀调整、校正完毕符合要求，防爆板也符合要求。

千万注意：安全阀一经校验铅封后不允许有任何操作，安全阀是非操作阀！

9）压缩机及其附属设备上的仪表装设齐全，量程、温度、压力及精确度等级均符合要求，对于重要的仪表要有仪表校验说明书。检查电气线路和仪表空气系统是否完好。仪表阀门应灵活准确，自动控制保安系统经检查合格，确保动作准确无误。

10）机组所有联锁已进行调试，各整定值均已符合要求。防喘振保护控制系统已调校试验合格，各放空阀、防喘振回流阀应开关迅速，无卡涩现象。

11）根据分析确认压缩机出入口阀门前后的工艺系统内的气体成分已符合设计要求或用氮气置换合格。对于工艺气体分析不符合要求的不允许启动压缩机。

12）检查机组转子能否顺利转动，不得有摩擦和卡涩现象。

1.3.2　离心式压缩机组启动后应注意的问题

1）机组各部分是否有异常声响，以及振动是否超过允许值。

2）检查各轴承的油温上升速度。若轴承温升太快，接近最高允许值时应立即停车。

3）还应注意油冷却器出口温度。如前所述，在启动之前若油温低于24℃则启动油加热系统。倘若在启动之后油温上升到允许范围35～40℃，若超过45℃应切断油加热系统，并慢慢打开油冷却器进口阀，否则一直加热运行。

4）调整各冷却器进口水量，使冷却器后介质温度不超过允许值。

5）根据工艺操作要求，调整压缩机的排出压力。

6）在压缩机启动后，密切观察压缩机排出压力与进口流量变化情况，防止发生喘振。

1.3.3　电动机驱动机组的开停车

一般电动机驱动的离心式压缩机组的结构系统及开停车操作都比较简单，其运行要点如下。

1）开车前应做好一切准备工作，其中主要包括润滑和密封供油系统进入工作状态，油箱液位在正常位置，用冷却水或蒸汽通过加热（冷却）器把油温保持到规定值。全部管道均已吹洗合格，滤网已清洗更换并确认压差无异常现象，备用设备已处于备用状态，油蓄压器已充入规定压力，密封油高位液罐的液面、压力都已调整完毕，各种阀门均已处于正确的位置，报警装置齐全合格。

2）启动油系统。调整油温、油压，检查过滤器的油压降、高位油箱的油位，通过窥视镜检查支持轴承和止推轴承回油情况，检查调节动力油和密封油系统，对辅助油泵和主油泵，交替开停进行试验。

3）电动机与齿轮变速器（或压缩机）脱开，由电气人员负责进行检查与单体试运，即单机试运转。一般首先冲动电动机（启动空转）10～15s，检查声音与转动方向，有无冲击和碰撞现象，若无异常现象然后连续运转 8h，检查电流、电压指示和电动机的振动、电动机的温度、轴承温度和油压是否达到电动机试车规程的各项要求。

4）电动机与齿轮变速器的串联运行，也叫联动试车。一般要首先冲动 10～15s，检查齿轮副啮合时有无冲击杂音；运转 5min 后，检查运转声音，有无振动和发热情况，检查各轴承的供油和温度上升情况；运转 30min，进行全面检查；运转 4h，再次进行全面检查，各项指标均应符合要求。

5）工艺气体进行置换。当工艺气体不允许与空气混合时，即工艺气体属易燃易爆气体，如甲醇合成压缩机，在油系统运转正常后就可以用氮气进行置换空气，要求压缩机系统内的气体中含氧量在 0.5％以下。然后再用工艺气体置换氮气达到气体的要求，并将工艺气体加压到规定的入口的压力，加压要缓慢，并使密封油压与气体压力相适应。

6）机组启动前必须进行盘车，在确认无异常现象时才能开车。为了避免在启动过程中电机负荷过大，应关闭吸入阀进行启动，同时全部打开旁路阀，使压缩机不承受排气管路的负荷。也可以同时关闭吸入阀和排出阀，打开放空阀和回路阀，也具有同样的效果。

7）压缩机无负荷运转前，应将进气管路上的阀门微开 15°～20°，将排气管路上的闸阀关闭，将放空管路上的手动放空阀或回流管路上的回流阀打开，打开冷却系统的阀门。启动一般分几个阶段，首先冲动 10～15s，检查变速器和压缩机内部的声音，有无振动；检查推力轴承的窜动；然后再次启动，当压缩机达到额定转速后，连续运转 5min，检查运转有无杂音；检查轴承温度和油温；运转 30min，检查压缩机振动幅值、运转声音、油温、油压和轴承温度；连续运转 8h，进行全面检查，待机组无异常后，才允许逐渐增加负荷。

8）压缩机加负荷。压缩机启动达到额定转速后，首先应无负荷运转 1h，无负荷运转的准备工作应按此前 6）和 7）两项进行。检查无问题后则按规程进行加负荷。在达到满负荷时的设计压力下连续运转 24h

才算试运合格。压缩机加负荷的重要步骤是慢慢开大进汽管路上的调节阀，使其吸气量增加，同时逐步关闭手动放空阀或回流阀，使压力逐渐上升，按规定时间将负荷加满。加负荷应按制造商规定的曲线进行，按电流表与仪表指示同时加量、加压，以防脉动和超负荷。加压时要注意压力表，当达到设计压力时，立即停止关闭放空阀或回流阀，不允许压力超过设计值。对于此处设计压力就是操作压力，因为是气体设备或装置。从加负荷开始，每隔30min应做一次检查并记录，并对运行中发生的问题及可疑现象进行调查处理。

9）压缩机的停车　正常运行中接到停机通知后，联系上下工序，做好停机准备工作。首先通过打开放空阀或回流阀进行泄压，稍开防喘振阀，关闭工艺管路上的闸阀，与工艺系统脱开，压缩机进行自循环。电动机停车后启动盘车器并进行气体置换，运行几个小时后再停密封油和润滑油系统。

1.3.4　汽轮机驱动机组的开停车

汽轮机驱动离心式压缩机组的系统结构较为复杂，汽轮机又是一种高温、高压、高速运转的热力机械，其开停车步骤及操作程序较为复杂而缓慢，要比电动机驱动机组复杂得多，其运行前的准备工作如前所述，不再重复。机组安装和检修完毕后也需要进行试运转，按专业规程的规定首先进行汽轮机的单体试运，进行必要的调整和试验。验收合格后再与齿轮变速器相联，进行串联无负荷运转。完成试运项目并验收合格后才能与压缩机串联在一起进行试车和开停车、正常运行，该类机组的开停车运行要点如下。

（1）油系统的启动

压缩机启动与其他动力装置相仿，主机未开，辅机先行，在满足开车要求（如电、仪表空气、冷却水和蒸汽等）后，先让油系统投入运行。一般油系统已完全准备好，处于随时能够启动开车的状态。若油温低（低于24℃）则应加热直到合格（35～40℃）为止。油系统投入运行后，把各部分的油压调整到规定值，然后进行如下操作。

1）检查辅助油泵的自动启动情况。

2）检查轴承回油情况，看油流量是否正常。

3）检查油过滤器的油压降，以确定过滤器是否需要清洗，并将润滑油箱灌满润滑油。

4）检查高位油箱油位，应在液位控制器控制的最高液位和最低液位之间。

5）检查密封油系统及其高位油箱油位，也应在液位控制的最高液位和最低液位之间。

6）通过窥视镜检查从外密封环流出的油流量情况，油流量应正常，检查密封滤油器的压力降，准备好备用密封油泵的启动。

7）停止主密封油泵，检查备用油泵的自动启动情况。

8）停止备用泵，检查最低液位跳闸开关操作的液位点。

9）重新开启主密封油泵，流向密封油回收装置脱气缸的密封排放油只有在经化学分析证明是安全的，才能流入主油箱。

（2）气体置换

被压缩介质为易燃、易爆气体时，油系统正常运行后，在开车之前必须进行气体置换。首先用氮气将压缩机系统设备与管道内的空气置换出去，使其氧含量低于 0.5%。然后再用被压缩介质将氮气置换干净，使之符合设计所要求的气体组成，两步置换的步骤如下。

1）关闭压缩机的出、入口阀，通过压缩机管道、分液罐、缓冲罐和压缩机缸体的排放接头，充入压力一般为 0.3~0.6MPa（表压）的氮气，如果条件许可，必要时可开启压缩机的入口阀，使压缩机和工艺系统同时置换。

2）待压缩机系统已充满氮气并有一定压力时，打开压缩机管道和缸体的排放阀排放氮气卸压，此时必须保证系统内的压力始终大于大气压力，以免空气漏入系统。然后再关排放阀向系统内充入氮气，如此反复进行，直到系统内各处采样分析气体含氧量小于 0.5% 为止。

3）氮气压力稳定后，在引入被压缩介质前应及时投入密封油系统，并正常运行，调整油气压差使之符合设计要求。

4）打开压缩机入口阀门，缓慢引入压缩介质，并把工艺气体加压到规定的入口压力。加压要缓慢，使密封油压力与气体压力相适应。注意缸内压力，在维持正常油气压差并与工艺系统压力相适应的条件下，反复采用排放-降压-升压-再排放的办法，直到系统内的氮气被置换干净，采样分析达到规定要求为止（一般要求工艺气体的浓度不低于 90%）。

5）检查工艺系统置换情况，合格后进行验收。

气体置换时必须注意：

1）密封油系统必须正常运转，油气压差始终维持在规定的范围内。

2）在正式引入工艺气体之前，压缩机油系统联锁调试工作应全部完成，各项试验结果均应符合设计要求。

3）对入口气体压力较高的压缩机，开启入口阀门置换时应特别缓慢，严禁气体流动使转子旋转或引起密封油系统波动。

4）压缩机机械密封或浮环式密封应不漏气，密封油系统管道不漏油。在维持油气压正常范围内时，检查压缩机转子静止状态下机械密封及浮环式密封的排油量，如果压缩机密封漏油、漏气、排油量过大应及时查明原因并设法消除。

5）只要压缩机内引入工艺气体，密封油排油，蒸汽闪蒸槽就应通入蒸汽。

（3）压缩机启动

离心式压缩机启动前必须做好一切准备工作并经检查合格后方能按规定程序开车。对透平驱动的离心式压缩机来说，启动后转速是由低到高逐步升高的，不存在像电机带动离心式压缩机那样升速过快而产生超负荷的问题。所以启动前一般是将入口阀全开（电机驱动有时要关闭此阀），防喘振用的回流阀或放空阀全开（非空气系统的压缩气不开或少开放空阀，即使开也要采取必要的措施）。通后续工艺系统的出口阀，应予以关闭。按照有关工艺的要求进行准备后，全部仪表、联锁投入使用，中间冷却器通水畅通。待一切准备工作就绪后，首先按照汽轮机运行规程（见"第3章蒸汽透平机"）的规定进行暖管、盘车、冲动转子和暖机。在 $500\sim1000r/min$ 下暖机半小时，全面检查机组，包括润滑油系统的油温、油压，特别是轴承油的温度；检查密封油和调节动力油系统、真空系统、汽轮机汽封系统、蒸汽系统以及压缩机各段进、出口气体的温度、压力，有无异常响声。如一切正常，汽轮机暖机达到要求，润滑油主油箱油温已达到32℃以上时，则可以开始升速。当油温达到40℃时，可停止给油加热，并打开油冷却器进水阀进水冷却。

机组应按照厂商提供的升速曲线进行升速，要快速通过临界转速，不得在临界转速的±10%（临界转速也是一个范围，在低于临界转速±10%或高于临界转速10%）范围内有任何停留，一般以每分钟升高设计转速的20%左右为宜。通过临界转速时，要严密地注视机组的振动情况。在离开临界转速范围之后，按每分钟升高设计转速的 7% 进行。从低速的 500～1000r/min 到正常转速，中间应分阶段作适当的停留，以避免因蒸汽负荷变化太快而使蒸汽管网压强波动，同时还便于对机组运行情况进行检查，一切正常时才能继续升速，直到调速器作用的最低转速（一般为设计转速的 85% 左右）。

（4）压缩机的升压

压缩机在运转后，压缩机的排气进行放空（空气）或回流，此时排气压力很低，并且没有向工艺管网输送气体，转速也不高，此时压缩机处于轻负荷，或者确切地说处于低负荷运转。长时间轻负荷运行，无论对汽轮机或压缩机都是不利的。对汽轮机组来说，长时间低负荷运行，会加速汽轮机调节阀的磨损；低转速时汽轮机可以达到很高的扭矩，如果流经压缩机的质量流量很大，机组的轴可能产生过大的应力；此外，长时间低压运行也影响压缩机的效率，对密封系统也有不利的影响。因此，在机组稳定、正常运行后，适时地进行升压加负荷是非常必要的。升压一般应当在汽轮机调速器已投入工作，达到正常转速后开始。

压缩机升压（加负荷）可以通过增加转速和关小直到关死放空阀或旁通回流阀来达到。但是这种操作必须小心谨慎，不能操作过快、过急，以免发生喘振。

压缩机升压过程中应注意几个问题：

1）压缩机的升压，有的先采用关闭放空阀来达到，有的先采用关闭旁通阀来达到，有的机组放空阀还不止一个。压缩机在启动时这些放空阀或旁通阀是开着的，为了提高出口压力，可以逐渐关闭放空阀或旁通阀，关闭的方法如下。

a. 可以先逐渐、缓慢地关闭低压放空阀，直到全关。而关闭时应当分程关闭，每关小一点，运行一段时间，观察一下有无喘振现象，如有喘振迹象则应马上打开，这样一直到关死，此时高压放空阀是开着的。低压段放空阀全关后，如没有问题再关高压段放空阀，使排出压力达到要求。

b. 采取"等压比"关阀的方法，即先关小一点的低压放空阀，提高低压段的出口压力；然后再关小高压段的放空阀，提高高压段的出口压力。这样反复操作，每次关阀使低压段与高压段压力升高比例大致相同。这样使低压缸与高压缸加压程度大致保持相同，使低压缸与高压缸的压力保持相对应的增长，避免一缸比另一缸加压太快。各缸升压时应当分程进行，在各压力阶段应稳定运行 5min，对机组进行检查，若无问题时可继续升压。

关闭放空阀升压过程中要密切注意喘振，发现喘振迹象时，要及时开大阀门。出口放空阀门全关后，逐渐打开流量控制阀，此时流量主要由流量控制阀来控制。逐渐关小流量控制阀，压缩机出口压力升到规定值，关闭过程中同样需要注意喘振现象。

如果通过阀门调节，压力不能达到预定数值时，则需将汽轮机升速，升速不可太猛太快，以防止发生压缩机的喘振。

2）有油封系统的压缩机在升压前和升压期间，其油封系统应当始终处于运转状态。压缩机内的压力变化尽可能做到逐步变化，不要一下子发生剧烈变化，以使密封系统能平稳地调节到新的压力水平上。油封系统对密封环可以起到润滑作用，如果没有密封油流动，或者密封油压力不足情况下运转压缩机，就会导致密封环的严重破坏，可能造成气体从压缩机中漏出来。

3）升压操作程序的总的原则是在每一级压缩机内，避免出口压力低于进口压力，并防止运行点落入喘振区内。对各机组应当确定关闭各放空阀和旁路阀的正确顺序和操作的渐变度。压缩机的出口阀只有在正常转速下，压缩机管路的压力等于或稍高于管网系统内的压力时才可以打开，向管网输送气体。

4）升压时要注意控制中间冷却器的水量，使各段入口气温保持在规定的数值。

5）升压后将防喘振自动控制阀拨到"自动"位置。

要特别注意压缩机绝对不允许在喘振的状态下运行！压缩机的喘振迹象可以从压缩机发生的强烈振动、吼声以及出口的压力和流量的严重的波动中看出来。如果发现喘振迹象应当打开放空阀或旁通阀，直到压力和流量达到稳定为止。

喘振是透平压缩机在流量减少到一定程度时所发生的一种非正常工况下的振动。离心式压缩机是透平压缩机的一种形式，喘振对于离心式压缩机有着很严重的危害。

离心式压缩机发生喘振时，典型现象有：

1）压缩机的出口压力最初先升高，继而急剧下降，并呈周期性大波动。

2）压缩机的流量急剧下降，并大幅波动，严重时甚至出现空气倒灌至吸气管道。

3）拖动压缩机的电机的电流和功率表指示出现不稳定，大幅波动。

4）机器产生强烈的振动，同时发出异常的气流噪声。

在离心式压缩机运行中影响其排气量的因素很多，除与设计、制造、安装有关外，还有以下主要影响因素：

1）过滤器堵塞或阻力增加，引起压缩机吸入压力降低。在出口压力不变时，使压缩机压比增加。根据压缩机性能曲线，当压比增加时，排气量减少。

2）设备管路堵塞，阻力增加或阀门故障，引起压缩机吸入压力升高。在吸入压力不变的情况下，压比增加，造成排气量减少。

3）压缩机中间冷却器阻塞或阻力增大，引起排气量减少。不过，不同位置的阻塞，情况还有所区别：如果冷却器气侧阻力增加，就只增加机器内部阻力，使压缩机效率下降，排气量减少；如果是水侧阻力增加，则循环冷却水量减少，使气体冷却不好，从而影响下一级吸入，使压缩机的排气量减少。

4）密封不好，造成气体泄漏，包括以下两个方面。

a. 内漏　即级间窜气，使被压缩过的气体倒回，在压缩机中进行第二次压缩。它将影响各级的工况，使低压级压比增加，高压级压比下降，使整个压缩机偏离设计工况，排气量下降，压缩机效率降低。

b. 外漏　即从轴端密封处向机壳外漏气。吸入量虽然不变，但压缩后的气体漏掉一部分，自然造成排气量减少。若发生这种情况是相当危险的，对易燃、易爆气体的压缩出现外漏易发生火灾和爆炸等安全事故。

5）冷却器泄漏。如果一级冷却器泄漏，因水侧压力高于气侧压力，冷却水将进入气侧通道，并进一步被气流夹带进入叶轮及扩压器，经一定时间后造成结垢、堵塞，使空气流量减少。如果二、三级冷却器泄漏，因气侧压力高于水侧，压缩气体将漏入冷却水中跑掉，使排气量减少。

6）电网的频率或电压下降，引起电机和压缩机转速下降，排气量减少。

7）任一级吸气温度升高，气体密度减小，也都会造成吸气量减少。

（5）压缩机防喘振试验

为了安全起见，在压缩机并入工艺管网之前，对防喘振自动装置应当进行试验，检查其动作是否可靠，尤其是第一次启动时必须进行这种试验。在试验之前，应研究压缩机的特性曲线，查看一下正在运行的转速下，该压缩机的喘振流量是多少，目前正在运行流量又是多少。压缩机没有发生喘振，当然输送的流量是大于喘振流量的。然后改变防喘振流量控制阀的整定值，将流量的整定值调整到正在运行的流量，这时防喘振自动放空阀或回流阀应当自动打开。如果未能打开，则说明自动防喘系统发生故障，要及时检查排除。

在试验时千万要注意，不要使压缩机发生喘振！

（6）压缩机的保压与并网送气

当汽轮机达到调速的工作转速后，压缩机升压将出口压力调整到规定的压力。压缩机组经检查确认一切正常，工作平稳，这时可通知主控制室，准备向系统导气，即工艺部门压缩机出口管线高压气体导入到各用气部位。当压缩机出口压力大于工艺系统的压力，并接到导气指令后，才可逐步缓慢地打开压缩机出口阀向系统送气，以免因系统无压或压力太大而使压缩机运转状况发生突然变化。

当各用气部位将压缩机出口管线中的气体导入各工艺系统时，随着导气量的增加，势必引起压缩机出口的压力降低。因此在导气的同时，压缩机必须进行"保压"，即通过流量的调节，保持出口压力的稳定。

导气和保压调整流量时，必须注意防止喘振。在调整之前，应当记住喘振的流量，使调整流量不要靠近喘振流量；调整过程中并应注意机组的动静，当发现有喘振迹象时，应及时加大放空流量或回流量，防止喘振。如果通过流量调节还不能达到规定的出口压力时，此时汽轮机必须升速。

在工艺系统正常供气的运行条件下，所有防喘振用的回流阀或放空阀应全关。只有当减量生产而又要维持原来的压力时，在不得已的情况下才允许稍开一点回流阀或放空阀，以保持压缩机的功率消耗控制在最低水平。进入正常生产后，一切手动操作应切换到自动控制，同时应按时对机组各部分的运行情况进行检查，特别要注意轴承的温度或轴承的回油温度，如有不正常应及时处理。要经常注意压缩机出、入口的气体参数的变化，并对机组加以相应的调节，以免发生喘振。

（7）运行中的例行检查

机组在正常运行时，对机器要进行定期的检查，一些非仪表自动记录的数据，操作者应在机器记录纸上记录，以便掌握机器在运行过程中的全部情况，对比分析，帮助了解性能，发现问题及时处理。

压缩机在正常速度下运行时，一般要做如下检查。

1）汽轮机的进汽压力和温度。

2）抽汽流量、温度和压力。

3）冷凝器的真空度。

4）油箱的油位（包括主油箱的油位、停车油箱的油位、密封油高位油箱的油位、密封油自动排油捕集器的油位、密封油回收装置中净油缸和脱气缸的油位）。

5）油温（包括主油箱的油温、油冷却器进出口的油温、轴承回油温度或轴承温度、压缩机外侧密封油排油温度、密封油回收装置中脱气缸、净油缸中温度）。

6）油压（包括油泵出口油压、过滤器的油压力降、润滑油总管油压、轴承油压、密封油总管油压、密封油和参考气之间的压差以及加压管线上的氮气压力）。

7）回油管内的油流情况（定期从主油箱、密封油回收装置中脱气缸和净油缸中取样分析）。

8）压缩机的轴向推力、转子的轴向位移和机组的振动水平。

9）压缩机各段进口和出口气体的温度和压力以及冷却器进出口水温。

（8）压缩机的停机

压缩机停机同其他装置一样有两种停机，一是正常停机，即有计划的停机；二是紧急停机，即事故停机，即由于保安系统动作而自动停机，或者手动"打闸"进行的紧急停机。

正常停机的操作要点及程序如下。

1）接到停机通知后，将流量自动控制阀拨到"手动"位置，利用主控制室的控制系统或现场打开各段旁通阀或放空阀，关闭送气阀，使压缩机与工艺系统切断，全部进行机组系统内的循坏。

2）从主控制室或者在现场使汽轮机减速，直到调速器的最低转速。

在降低负荷的同时进行缓慢降速，避免压缩机喘振；

3）根据汽轮机停机要求和程序，进行汽轮机的停机。

4）润滑油泵和密封油泵，应在机组完全停运并冷却之后，才能停转。

5）根据规程规定可以关闭压缩机的进口阀门，则应关上；如果需要阀门开着，并且处在压力状态下，则密封系统必须保持运转。

6）润滑油泵和密封油泵必须维持运转，直到压缩机机壳的出口端温度降到20℃以下，检查润滑油温度，调整油冷器的水量，使出口油温保持在50℃左右。

7）停车后将压缩机的机壳及中间冷却器排放阀门打开，关闭中冷器进入阀门。压缩机机壳上的所有排放阀或丝堵在停机后都应打开，以排除冷凝液，直到下次开车前再关上。

8）如果压缩机停机后，压缩机内仍存留部分剩余压力的话，密封系统要继续维持运转，密封油的油箱加热盘管应继续加热，高位油槽和密封油收集器应当保持稳定。如果周围环境温度降到5℃以下（一般在冬季，像我国南方气温到5℃以下是很少见的）时，某些管路系统的伴热管线应供热保温。

1.3.5　压缩机的反转与防反转

压缩机停车时，由于管路阀门安装不当或操作不当会发生严重的反转情况。当压缩机转子静止后，此时管路中尚残存很大容量的工艺气体，并具有一定的压力，而此时压缩机转子停止转动，压缩机内压力低于管路压力。这时如果压缩机出口管路上没有安装逆止阀门或者逆止阀门距压缩机出口很远的话，管路中的气体便会倒流，使压缩机发生反转，同时也带动汽轮机或电动机的齿轮变速器等反转。若压缩机组转子发生反转会破坏轴承的正常润滑，使止推轴承受力状况发生改变，甚至会造成止推轴承的损坏。

为了防止压缩机停机时发生反转情况，管路阀门安装时，应当采取以下两项措施。

1）压缩机出口管路上一定要设置逆止阀门，并且尽可能安装在靠近出口法兰处，使逆止阀距离压缩机出口的距离尽量减小，从而使这段管路中的气体容量减到最小，不致造成反转。

2）根据各机组的情况，安设放空阀、排气阀或再循环管线，在停机时要及时打开这些阀门，将压缩机出口高压气体排除，以减少管路中贮存气体的容量。

反转发生时，系统内的气体在压缩机停机时可能发生倒灌，高压、高温气体倒灌回压缩机，不仅能引起压缩机的倒转，而且还会烧坏轴承和密封。由于倒灌在国内造成的事故较多，所以非常值得注意！

为了切实防止上述事故的发生，除了管路中阀门采取正确的安装以外，在降速、停机之前必须做好下列两项工作。

1）停机之前，先打开放空阀或回流阀，使气体放空或者回流；

2）然后切实关好系统管路的逆止阀。

做好上述两项工作后，才能逐渐降速、停机。

注意：防反转应先降速、降负荷，后停机，在没有切实降速降负荷之前，即打开放空阀或回流阀，关闭逆止阀门，是绝对不允许停机操作的！

1.3.6　压缩机在封闭回路下的操作

由于压缩机的某种特殊需要，可能在封闭回路下进行操作。在封闭回路下用空气、氧气和含氧气的气体进行操作是相当危险的，很容易引起燃烧或者爆炸。因此不允许利用这些气体作为介质在封闭回路中操作。

气体的燃烧、爆炸，一般具备三个条件：即燃料、助燃剂和热量。热量的产生是气体在压缩过程中经过近似绝热压缩后，温度显著上升；对气体所加的压缩功转换成热量，蕴藏在气体之中，这是不可避免的。光有热量没有燃料和助燃剂也不会发生燃烧和爆炸。如果压缩介质是空气、氧气或含氧的气体，这就提供了助燃的条件。燃料一般是油，即漏入汽缸与介质接触的润滑油、密封油或安装、检修时残存的油质，这些因素凑在一起就会发生燃烧或者爆炸。

为了避免燃烧或者爆炸的发生，必须将构成燃烧、爆炸的三个因素——氧、油和热量中设法消除一个因素，而热量是不可以消除的，所以只好设法消除油和氧了。

为了防止爆炸，决不允许用空气或其他含氧的气体在压缩机封闭回路中进行操作。如果由于某种需要（例如检查、试车等），确实必须采用封闭回路运行的话，应当根据需要采用惰性气体（如氮气、氦气或二氧化碳）。

防止油进入压缩机与气体接触，也是防止燃烧、爆炸发生的重要措施。要保证压缩机内部零件和连接的管线的清洁，确保无油是很重要的。这对压缩含氧的气体介质尤其重要。压缩机密封系统投入运转之前，润滑油不要通过轴承；在密封系统停运之前，应先停润滑油泵；密封系统压力不足时，压缩应当自动停车。

以上只是简要介绍注意事项，有关具体注意事项，请参见制造商提供的使用说明书。注意：慎重操作，千万不要大意！

1.3.7 压缩机的喘振与防喘振

（1）压缩机的喘振

离心式压缩机在运行中一个特殊现象就是喘振。如前所述，离心式压缩机一旦发生喘振现象，其破坏作用相当大。离心式压缩机运行中大量的事故都与喘振有关。防止喘振是压缩机运行中极其重要的问题。

压缩机在运行中发生喘振的迹象，一般是由于流量大幅度下降，压缩机出口排气量显著下降；出口压力波动较大，压力表的指针来回摆动；机组发生强烈振动并伴有间断的低沉的吼声，好像人在干咳一般。判断是否发生喘振除了凭人的感觉之外，还可以根据仪表和运行参数配合性能曲线查出。

压缩机发生喘振的原因可能是由于流量减小到低于喘振流量；管网系统内的压力大于压缩机一定转速下对应的最高出口压力；机械部件损坏或脱落；操作中，启动时升速升压过快或者停机时降速之前未能首先降压；操作工况改变，运行点落入喘振区；或者即使在正常运行条件下，防喘振系统未投入使用。特别在压缩机紧急停车时，气体未进行排空或回流，出口管路上单向止回阀动作不灵敏或关闭不严，或者单向阀距离压缩机出口太远，阀前气体流量很大，而系统突然减量，造成压缩机来不及调节等。

严重的喘振发生可能造成压缩机的损坏是：大轴弯曲；密封损坏，严重漏气、漏油；喘振发生使轴向推力增大，烧毁止推轴承；破坏对中与安装质量，使振动加剧；强烈的振动可造成仪表失灵；严重持久的喘振可使转子与静止部分相撞、主轴与隔板断裂，甚至整个压缩机报废。所以离心式压缩机在运行中喘振是需要时刻提醒和预防的。

（2）压缩机的防喘振

防止和消除喘振的根本措施是设法增加压缩机的入口气体流量。对于一般无毒、无危险的气体如空气、氮气和二氧化碳等可采用放空；对于天然气、氨气、合成气等危险性气体可采用回路循环措施。采用上述方法后使流经压缩机的气体流量增加，消除了喘振；但排气压力却随之下降，造成功率的浪费，经济性下降。如果系统需要维持等压的话，放空或回流之后需提升转速，使排出压力达到原有水平。在升压前或降速、停机前，应该将放空管或回流阀预先打开，以降低背压，增加流量，防止喘振。

在升速、升压之前一定要事先查好性能曲线，选好下一步的运行的工况点，根据防喘振安全裕度来控制升压、升速。防喘安全裕度就是在一定的工作转速下，正常工作流量与该转速下喘振流量之比值，一般正常工作流量应比喘振流量大 1.05～1.3 倍。裕度太大，虽然不易发生喘振，但压力下降很多，浪费很大，经济性下降。在实际运行中，最好将防喘振阀门（回流控制阀）按照防喘振裕度来整定，太大则不经济，太小又不安全。防喘系统根据安全裕度整定好后，在正常运行时防喘振阀门应当关闭，并投入自动，这样既安全又经济。但有的不将机组防喘振装置投入自动，而是用手动，生怕发生喘振而不敢关严防喘振阀门，待正常运行时有大量气体回流或放空，这样既不经济又不安全，因为发生喘振时用手动操作是来不及的，其结果是不能防止发生喘振的。

如图 1-12 所示，离心式压缩机的防喘特性曲线可用一条抛物线来描述。图中每条曲线在每种转速下都有一个最大的 $\dfrac{p_2}{p_1}$ 值，$\dfrac{p_2}{p_1}$ 与进口侧流量 Q_1 的关系

$$\frac{p_2}{p_1} = a + bQ_1^2 \tag{1-1}$$

设压缩机进口气体温度 T_1 比较稳定，而且图中的横坐标 Q_1 变成 Q_1^2/T_1，则抛物线形安全线成为直线，则

$$p_2/p_1 = a + \frac{KQ_1^2}{T_1} \tag{1-2}$$

式中　$K = b/T_1$

若用节流装置测量流量，则流量经验公式为

$$Q_1 = \beta\sqrt{\frac{h_1 T_1}{P_1}} \tag{1-3}$$

式中　Q_1——压缩机吸入流量，m^3/h；

　　　h_1——流量计测量压差，kPa；

    β——流量系数；

    T_1——吸入温度，℃；

    P_1——进口绝压，kPa。

由式(1-2) 和式(1-3) 两式得

$$\frac{Q_1^2}{T_1}=\frac{\beta h_1}{p_1} \tag{1-4}$$

并将式(1-4) 代入式(1-2) 得

$$h_1=\frac{p_1}{K\beta^2}\left(\frac{p_2}{p_1}-\alpha\right) \tag{1-5}$$

式 (1-5) 为抛物线形安全控制线的防喘振控制方程。

若进口压力有波动时，则上式可变为

$$h_1=M'(p_2-ap_1) \tag{1-6}$$

式中 $M'=\dfrac{1}{K\beta^2}$，防喘振的约束条件为 $h_1\geqslant M'(p_2-ap_1)$，可以用 $M'(p_2-ap_1)$ 为控制器的设定值，以 h_1 为测量值组成防喘控制系统。

$\dfrac{p_2}{p_1}$-Q 近似呈抛物线关系见图 1-12。不同转速下可形成一簇抛物线 n_1、n_2、n_3……。连接这些抛物线最高点的虚线，是一条表征压缩机是否工作在喘振区的临界状态曲线。图中阴影部分是压缩机工作的不稳定区，称喘振区或飞动区。虚线的右侧则为正常运行区。为了安全起见，可以选用安全流量应为喘振流量的 1.1 倍，即在临界状态曲线的右

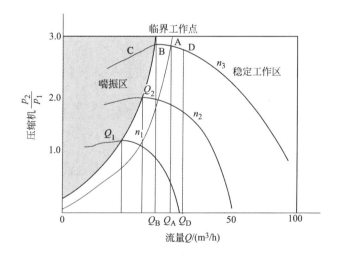

图 1-12 离心式压缩机的特性曲线

侧有一条平行于临界曲线的安全操作曲线。

压缩机工作在喘振区时，当负荷 Q 减小时，则压缩比 p_2/p_1 下降，出口压力应当减小，压缩机的工作点由月点（B 点）下降到 C 点。而与压缩机相连接的出口管路压力在这一瞬间将来不及变，于是就出现瞬间气体从出口管路向压缩机倒流的现象，由于压缩机还在以原有的速度继续运转，此时还在向系统输送流量，于是工作点的流量由 C 点突变到 D 点。D 点对应的流量 $Q_D > Q_A$，超过了要求的负荷量，管路系统压力被逼高。若能迅速将负荷控制在相应值 Q_A，系统可以稳定下来，否则将经过 A 点到 B 点又到 C 点。不断地重复上述循环，就会发生压缩机喘振。

压缩机喘振时机身剧烈震动，严重时会造成机毁事故。

在升压和变速时，要强调"升压必先升速，降速必先降压"的原则。压缩机升压时应当在透平机调速器投入工作后进行；升压之前，查好性能曲线，确定应该达到的转速，升到该转速后再提升压力；压缩机降速应当在防喘振阀门安排妥当后再开始；升速升压不能过猛过快；降速降压也应当缓慢、均匀。

防喘振阀门开启和关闭必须缓慢、交替，操作不要太猛，避免轴位移过大，轴向推力和振动加剧以及油密封系统失调。如果压缩机组有两个以上的防喘振阀门，在开或关时应当交替进行，以使各缸的压力均匀变化，这对各缸的受力、防喘振和密封系统的协调都有好处。

可采用"等压比"升压法和"安全压比"升压法来防止喘振。为了安全起见，在升压时可采用"等压比"升压法，如前所述。"安全压比"升压法对升压时防止喘振也是有效的。它的基本原理是根据压缩机各缸的性能曲线，在一定的转速下有一个喘振流量值，它与转速曲线的交点便对应一个"喘振压比"（或排出压力）。在此转速下，升压比（或排出压力）达到此数值便发生喘振，因此控制压比也就是控制一定转速下的流量。如果根据防喘裕度，计算出不同转速下的正常流量，也就是安全流量，再查出对应的压比（或排出压力），在升压时根据转速，使压缩机出口压力值不超过安全压比计算出的出口压力，就不会发生喘振了。可以将不同转速下的正常流量、排出压力绘成图表和曲线。在升速、升压时，根据转速查出安全的出口压力，升压时不超过此压力便不会喘振。

如甲醇装置驱动两台离心式压缩机的蒸汽透平 CT-02001 的转速是

可调的，以满足工厂不同负荷的需求。另外在压缩机转速一定的情况下，循环气的流量可通过手动调节吸入口的导叶来调整循环比，这主要在催化剂活性衰退时使用。

1.4 离心压缩机组的技术管理

离心式压缩机是一种系统庞大、结构复杂、高压、高速、大流量的机械设备，日常必须进行全员的综合管理，与运行检修人员紧密相关的管理包括以下内容。

1.4.1 建立健全压缩机主辅机的设备技术档案

压缩机主辅设备技术档案主要内容是：

1）压缩机主、辅机的规格、型号、制造厂家、出厂编号及日期、设备单重和单价；

2）设备的主要系统、结构和零部件图；

3）主要技术参数和性能曲线；

4）主要零部件用材牌号、化学成分、机械性能、耐腐蚀和耐热性能；

5）制造厂的质量检验报告、产品证明书及合格证；

6）安装前质量检验记录、安装日期、安装记录和验收记录；

7）试运转记录、试运开停车次数、累计运行时间；

8）开车投产记录，开车投产日期；

9）备品备件储备定额和检修技术规程；

10）设备的润滑、维护和评级记录；

11）设备缺陷和事故处理记录；

12）检修方案、检修记录和更改记录以及检修工作的总结。

要求：设备技术档案记录要及时、准确、清晰、完整。

1.4.2 加强设备备件的管理

每台压缩机皆应根据具体情况，编制备品备件的储备定额和消耗定额。储备足够的备品备件，加强分类保管和管理，切勿发生变形、锈蚀或损坏。

1.4.3 加强设备的缺陷管理

机组运行人员、检修人员和管理人员必须经常注意机组的运行情况，发现缺陷立即记录并向有关部门和人员反映，及时组织力量进行处理。

1.4.4　加强设备升级管理

加强运行人员对设备升级竞赛，检查设备的完好程度，消除缺陷，不断提高设备的完好水平。精心维护，良好润滑，实现在线监测，确保机组安全稳定运行。为了达到上述要求，必须实行定员、定机、定岗，加强考核。

1.4.5　离心式压缩机完好的标准

（1）运转正常，效能良好

① 设备出气能力达到铭牌能力的90%以上，或能满足正常生产工艺的需要；

② 润滑、冷却系统畅通好用，润滑油选用符合质量要求，轴瓦温度不超过规定值；

③ 密封系统能起到良好的密封作用；

④ 运转平稳无杂音，各部位的振动符合规程规定的要求。

（2）内部机件无损坏，质量符合要求

主要零部件的材质的选用符合图纸的要求。转子的径向、端面跳动值和各零部件的安装配合、磨损极限应符合规程的规定。

（3）主体整洁，零件、附件齐全好用

① 压力表、温度计应定期校验，保证其灵敏准确；

② 主体完整，定位销、放水阀等齐全好用；

③ 基础、机座坚固完整，地脚螺栓及各部位连接螺栓应满扣、齐整、紧固；

④ 进、出口阀及润滑、冷却的管线，安装合理，横平竖直，不堵不漏；

⑤ 机体整洁，油漆完整，符合规定要求。

（4）技术资料齐全准确

① 履历卡片；

② 检修、验收记录；

③ 运行及缺陷记录；

④ 易损备件图纸。

目前采用无纸化办公，建议采用电脑备份。

（5）加强事故管理

压缩机组发生事故，必须立即组织人员采取有效措施，防止事故的扩大，减少对生产的影响。

事故发生后，必须组织专业人员进行调查、分析、查找事故的原因，常见的分析方法有：现场调查；碎片的收集与保管；表面状态的分析；裂纹的分析；断口的分析；结构的分析；工作条件的分析；强度的分析；金属化学成分分析；金属性能的分析；无损探伤的分析；宏观分析；微观分析；加工质量的分析；安装质量的分析；历史状况的分析；断裂力学的分析；模拟试验。

以上18种分析方法要灵活应用，不一定要项项全做，要以解决问题为主，需要什么做什么，不要一下子全面铺开，盲目追求高、精、尖、全。根据实际需要与可能，在完成上述一些分析之后，应将所得的数据、计算和试验的结果汇总，进行全面的综合分析与研究，查出事故的原因。

事故发生后，要总结经验教训，研究修复方案，提出防治措施，防止事故的重演。同时，还要填写事故报告和处理工作的总结，按事故分级管理的原则及时上报，不得隐瞒。

要坚持执行事故"三不放过"的原则，即事故原因分析不清不放过，事故责任不清不放过，措施不到位不放过，以确保压缩机能长期、高效的运转。

1.5 离心式压缩机日常维护与管理

1.5.1 严格遵守各项规章制度

严格遵守压缩机操作规程，绝对禁止违规操作，始终牢记：违章就是犯罪。严格遵守维护保养规程，使用好、维护好压缩机组。

1.5.2 加强日常维护

定时、定点检查机组的运行参数，按时填写运行记录，检查项目包括：进出口的工艺气体的参数，包括温度、压力、流量以及气体的组成和湿度等；机组的振动值、轴位移和轴向推力；油系统的温度、压力，轴承的温度，冷却水的温度，储油箱的油位，油冷却器和过滤器前后的压差；冷凝水的排放，循环水的供应以及系统的泄漏情况；应用探测棒侦听轴承及机壳内有无异常声音。

每2～3天检查一次分凝器的液位。

每2～3周检查一次润滑油，确认是否需要补充或更换。

每个月分析一次机组的振动趋势，看有无异常趋向；分析轴承温度趋向；分析酸性油排放情况，看排放量有无突变；分析判定润滑油质量情况，主要是油的黏度和外观。

每3个月对仪表工作情况作一次校对，要求仪表指示灵敏、准确。在运行中如仪表指示不准确所造成的危害比无仪表指示更为严重。

每3个月对油品品质进行分析，分析其密度、黏度、氧化度、闪点、水分和碱性度等。

日常要保持各零部件的清洁，不允许有油污、灰尘、异物等在机体上，使设备见本色。

按要求及时填写运行记录，做到齐全、准确，力求用仿宋字体填写，不得有涂改或粘贴现象。传统的是手写记录，现在提倡无纸化办公，可以采用计算机记录。

定期检查、清洗过滤器，保证油压的稳定。

长期停车时，每24h盘动转子180°。

1.5.3　监视运行情况

机组在正常运行中，要不断监视运行工况的变化，经常与前后工序联系，注意工艺系统参数和负荷的变化，根据需要缓慢地调整负荷，机组应本着"升压先升速"，"降压先降速"原则调整负荷。经常观测机组运行工况的电视屏幕监视系统，注意运行工况点的变化趋势，防止机组发生喘振。

1.5.4　尽量避免带负荷紧急停车

机组运行中，尽量避免带负荷紧急停机，只有在发生运行规程规定的情况下才能紧急停机（见事故停车）。

1.6　离心式压缩机操作规程

根据以上所述，可以初步制定离心式压缩机操作规程。离心式压缩机的型号不同，使用环境不同，其操作规程也不相同。初步制定的压缩机操作规程是在理论分析和过往操作经验的基础上制定的，但这一初步制定的规程能否完全符合本岗位压缩机装置，有待于在试运行中进行观察、检验、补充和完善。一旦形成完全符合本岗位压缩机系统的操作规程，操作工必须严格遵守，违章就是违法。如果因违规操作造成重大责任事故，给工厂企业造成严重后果就要追究刑事责任。离心式压缩机初步操作规程如下。

1.6.1 启动前的准备工作

（1）启动的基本条件

1）管路已经空气吹扫，并用压缩氮气置换合格。驱动机、变速系统、干气密封系统已试运合格。管件、阀门、机体各连接部位坚固良好，无泄漏现象发生。

2）动力已能正常供应。

3）冷却水已能正常供应。

4）仪表空气符合要求，残留水不高于 $0.02‰$。

5）所有测量和指示仪表安装完毕，并检验合格。

6）系统内所有过滤元件清洗干净。

7）消防器材齐备，符合要求，无安全隐患。

（2）检查润滑油系统

1）确认润滑油箱已注入适量的质量合格的油，油箱内无冷凝水出现。当系统管线充满油后油箱液位在液面计的 $1/2\sim2/3$ 之间，并检查油温不低于 $35℃$，若低于 $35℃$ 开动加热器加热，使油箱油温达到 $45℃$ 左右。

2）检查油冷却器和油过滤器的切换管线是否在正确的位置上。

3）打开油泵的进口阀和出口阀。

4）打开油侧放空阀和油过滤器上注入管线，准备操作。

5）打开用油冷却器的冷却水回水阀。

6）打开油压平衡阀的前后截断阀。

7）关闭油压平衡阀的旁通阀。

8）在油系统冲洗前，取下油过滤器前面的可能已安装的任何粗滤器。

1.6.2 启动

（1）检查

1）检查油压。如有必要可通过调节阀调节进油总管中的主油压及各供油支管上的油压，以及推力轴承润滑油压。

2）检查各出口点的窥视镜孔以确定油在正常流动。

3）通过关闭主油泵，检查辅助油泵（电机驱动）是否正常。

4）当达到较低的油压限制值时，辅助油泵必须能自动接入，在这之后油压必须再次达到设定值，在主油泵再次打开之后，用手动关闭辅助油泵。

（2）压缩机启动

1）盘车 2～3 圈，检查有无偏重或卡涩现象。

2）启动油系统。

3）打开进气阀。

4）建立必要的气体压差，如干气密封压差。

5）按照主驱动机厂的说明书启动主驱动机。

注意：应避免转速小于 200r/min，因为这将引起在轴承内混合摩擦的情况。过低或过高的转速下，无控制的反向转动也是必须避免的。

6）进行系统调节：

a. 当主油泵运行时，手动切断辅助油泵。

b. 调节密封气体流量（其设定点值，见各"压缩机技术数据"）。

c. 检查轴承温度。

d. 在流入油冷却器的油温超过 45℃前，无论冷却水阀是否打开，不得关闭油箱加热。

e. 通过压力平衡阀或通过轴承上游的节流阀，调节油压。

f. 检查各油排放点的观察视镜孔看油流是否均匀。

1.6.3　运行期间的监护

（1）压缩机装置是否正确运行要通过下列监视数据来判断，在初始 3 个月内以 1 小时间隔记录运行数据 1 次，之后以 4 小时记录运行数据 1 次。

1）进口压力；

2）进口温度；

3）出口压力；

4）出口温度；

5）油冷却器前的油压；

6）油冷却器后的油温；

7）油过滤器后的油压；

8）油通过过滤器的压差；

9）轴承前的油压；

10）轴承的温度；

11）轴向轴位移值；

12）转子振动值；

13）油箱中油位；

14）密封气压差；

15）平衡管的压力；

16）除监视机组自身仪表外，也要注意监视该压缩机运转时是否有无刮研噪声以及有无油、气或水的泄漏。

（2）运行中需要巡查的事项

1）认真查漏，发现漏点应及时处理，以防发生事故，特别对于一些没有特殊气味的易燃易爆的气体的泄漏。

2）监视压缩机，包括振动和轴位移（相对于轴承座），应连续测量。

3）气体流量不得低于喘振极限，必须高于喘振极限之上。因此，在运行期间控制器必须打"自动"。

注意：如果喘振控制器失灵，立即手动打开防喘阀门。

4）为确保压缩机有油流过轴承，要经常检查油出口管线内所有观察视镜。

5）清洗油箱

以每月一次间隔，去除可能聚集在油箱内的水和油泥，应定期清洁管线内的进口粗滤器。

6）检查油过滤器/冷却器

如果油冷却器出口的油温升高或油过滤器的压差升高，要立即切换油冷器的备用冷却器或油过滤器到备用装置上。切换油冷器之前，应接通备用冷却器的冷却水，并打开在水箱上的放空阀，直到放空阀有水溢出关闭放空阀。

7）观看过滤器上的压差表，如果压差表接近于零，说明过滤器有可能损坏或泄漏。

8）切换备用冷却器或备用过滤器时要缓慢，无需停装置切换。切换下来的冷却器或过滤器要将油或油泥放掉，然后经冲洗，或刷除，或通过化学溶液除去固体脏物。如检查过滤器元件有损伤，则必须更换新的过滤器元件。

注意：每切换一次油冷器或过滤器都必须如实的记录。

启动浮子杆（如果提供捕集器的话），每班一次手动通风浮子捕油器，至少每次检查之后，要检查一下安全阀和所有其它的防护装置是否正确地发挥功能。

9）放泄管线，每周检查一次，确保畅通。

10）检查油

压缩机在运行期间，以3个月的间隔检查油的质量是否符合要求，在头3个月内最好每月检查一次。将每次检查结果要如实记录。

11）检查冷却水

冷却水也要每个月查一次，将分析结果与压缩机规定技术数值进行比较，并如实记录。

1.6.4　正常停机

在任何情况下，不经准许压缩机不得自行停机，若要停机应按下列程序进行。

① 设定压缩机控制到"最小输出"。

② 切断驱动机，测量压缩机停下之前所用的时间，遵照驱动机制造厂的说明书。

③ 压缩机停下之后，关闭压缩机进、出口阀门，降低压缩机壳体内的压力。

④ 通过调节冷却水的流量，保持油温在45℃左右。在油泵关闭之后切断油冷却器的冷却水。

注意：如果有霜冻危害的话，在装置已停机和冷却水已断流之后，务必将冷却器的放净阀打开，放净残余水。

1.6.5　非正常停机

由于蒸汽、电源、油泵等故障致使压缩机紧急停机，但必须按下列程序进行。

① 压缩机停机时，如有可能测量并记录滑行时间。

② 检查止回阀是否自动关闭。

③ 手动关闭进、出口阀（如果没有自动关闭）。

④ 取得车间同意，在必要时减少压缩机壳体内的压力。

⑤ 查明紧急停车的原因（见1.7 离心式压缩机组常见故障与处理）

注意：必须查清停机原因并消除故障方可重新启动！

1.6.6 长期运行期间的日常维护

1）冲洗 如果压缩机装置将要处于一个长期稳定的运行状态（备用装置），油系统至少要一周运行一次冲洗管网，每次大约1h。在这一运行期间内，转换冷却器和过滤器的三通阀，使油通过它们，并检查所有设备、仪表和管件，在检查期间如有可能的话，应转动压缩机转子几次。冲洗之后，要清洁这些油过滤器，并泄放可能聚集在油冷却器内的任何冷却水。

2）惰性气体密封 为了防止大气和脏物进入辅助系统和机械部件，造成管网和管件的腐蚀，建立惰性气体的密封是必要的。在一个适当点上（密封塞在轴承盖或齿轮装置盖上）用氮气或干燥空气经由一个软管不间断地供给油系统，在油系统中测量压力为 $1\sim2$ mbar。

3）防护 以同样的方式，在存在有腐蚀大气的地方，在适当的地方用氮气或干燥空气连续充入该气体空间，以防护压缩机内部部件。

1.6.7 停机期间的维护

① 当该装置将要停止运行相当长的一段时间时，关闭进、出口阀，减少压缩机内部的压力，停止油泵转动，排放油冷却器的冷却水，打开所有放净阀。

为了防止油管线、管件和轴承的腐蚀，建议在轴承压盖把紧状态下，辅助油泵至少每周开机一次，每次1h。

② 防护密封气体。由于密封气体提供更有效的防护，更能保护没有油浸的内部部件，所以油系统可以在一个适当的点上安装软管，供给连续的氮气或干燥的空气。油系统的压力高于环境压力12mbar。

③ 防护内部部件。如果长时间不运行，为保护压缩机的内部部件不受腐蚀，要打开压缩机机盖子，将零件涂以适当的防腐剂。如果压缩机机盖打不开，同气体相接触的压缩机内的所有空间要连续地用氮气或干燥空气冲洗，气体空间的压力高于环境12mbar。

1.7　离心式压缩机组常见故障与处理

离心式压缩机的性能能否得到充分的发挥要受到吸入压力、吸入温度、吸入流量、进气相对分子质量及进气组成和驱动机的转速以及控制特性的影响，而且往往是多种因素互相影响导致故障的发生是最为常见的现象，现将常见故障的可能原因及采取相应的处理措施讨论如下，仅供参考。

1.7.1　压缩机性能达不到要求

压缩机性能达不到要求的原因及处理措施，见表 1-1。

表 1-1　压缩机性能达不到要求的原因及处理措施

序号	可能的原因	处理措施
1	设计原始错误	审查原始设计,检查技术参数是否符合要求,发现问题应与卖方和制造厂商交涉,采取补救措施。如确实是设计问题应由设备制造厂商负责,实行退、换或维修直到符合要求为止
2	制造错误	检查原始设计和工艺要求,检查材质及加工精度,发现问题及时与卖方和制造厂商交涉。处理方法同"1"
3	气体性能差异	检查气体的各种性能参数,如与原设计的气体性能相差较大,必然影响压缩机的性能指标。要查清原因,是建设方提供数据错误还是设备制造厂方供货错误,要分清责任,找出解决问题的办法
4	运行条件变化	应查明原因,当运行工况发生变化时,是否采取了相应的措施予以调适
5	沉积的夹杂物	检查在气体流道和叶轮以及气缸中是否有夹杂物,如有则应清除。要求在压缩机启动前必须认真检查,进行吹除扫净
6	间隙过大或不均	检查各部间隙,不符合要求者必须进行调整

1.7.2　压缩机流量和排出压力不足

压缩机流量和排出压力不足的原因及处理措施，见表 1-2。

表 1-2　压缩机流量和排出压力不足的原因及处理措施

序号	可能的原因	处理措施
1	排气流量有问题	将排气压力、流量与压缩机的性能曲线相比较,看是否符合,以便发现问题找出解决对策
2	压缩机逆转	检查旋转方向,应与压缩机壳体上的箭头标示方向一致
3	吸气压力低	和说明书对照,查明原因
4	分子量不符	检查实际气体的相对分子质量和化学成分,和说明书规定的数值对照,如果实际的比规定的小,则排气压力不足
5	运转速度低	检查运行转速,与说明书对照,如转速低,应提升驱动机的转速

续表

序号	可能的原因	处理措施
6	自排气侧向吸气侧的循环量增大	检查循环气的流量,检查外部的配管,检查循环气阀的开度,循环量太大时应调整
7	压力计或流量计故障	检查各计量仪表,发现问题应及时校正、修理或更换

1.7.3 压缩机启动时流量、压力为零

压缩机启动时流量、压力为零的原因及处理措施,见表1-3。

表 1-3 压缩机启动时流量、压力原因及处理措施

序号	可能的原因	处理措施
1	转动系统有问题,如叶轮键、联接轴等装错或未装	拆开检查,并修复有关部件
2	吸气阀或排气阀关闭	检查阀门,并正确打开到适当的位置

1.7.4 排出压力波动

排出压力波动的原因及处理措施,见表1-4。

表 1-4 排出压力波动的原因及处理措施

序号	可能的原因	处理措施
1	流量过小	增大流量,必要时在排出管上安装旁通管补充流量
2	流量调节阀故障	检查流量调节阀,发现问题及时解决

1.7.5 流量异常降低

流量异常降低原因及处理措施,见表1-5。

表 1-5 流量异常降低原因及处理措施

序号	可能的原因	处理措施
1	进口导叶位置不当	检查进口导叶及其定位器是否正常,特别是检查进口导叶的实际位置是否与指示器的读数一致,如有不当,应重新调整导叶和定位器
2	防喘阀及放空阀不正常	检查防喘振的传感器及放空阀是否正常,如有不当应校正调整,使之工作平稳,无振动摆振,防止漏气
3	压缩机喘振	检查压缩机的流量是否足以使压缩机脱离喘振区,特别是要使每级进口温度都正常
4	密封间隙过大	按规定调整密封间隙或更换密封
5	进气口过滤器堵塞	检查进气口压力,注意气体过滤器是否堵塞,清洗过滤器

1.7.6 气体温度升高

气体温度升高原因及处理措施,见表1-6。

表 1-6 气体温度升高原因及处理措施

序号	可能的原因	处理措施
1	冷却水量不足	检查冷却水的流量、压力和温度是否正常,重新调整水压、水温,加大冷却水流量
2	冷却器冷却能力下降	检查冷却水量,冷却器管中的水流速不应小于2m/s;确认冷却器有无结垢现象;冷却器进口水温情况是否满足要求
3	冷却管表面积污垢	如前"2"所述,通过检查冷却器的进出口水的温差,看冷却管是否由于结垢而使冷却效果下降,清洗冷却器芯子
4	冷却管破裂或管子与管板间的配合松动	堵塞已损坏管子的两端或用胀管器将松动的管端胀紧,也可以采用点焊的方法补焊
5	冷却器水侧积有气泡	检查冷却器水侧通道是否有气泡产生,打开放气阀把气体排空;在冷却器通水时应打开排气阀,直至排气阀中有水溢出可关闭排气阀
6	运行点过分偏离设计点	检查实际运行点是否过分偏离规定的操作点,适当调整运行工况,否则压缩机效率明显降低

1.7.7 压缩机异常振动与异常噪声

压缩机异常振动与异常噪声的原因及处理措施,见表1-7。

表 1-7 压缩机异常振动与异常噪声的原因及处理措施

序号	可能的原因	处 理 措 施
1	机组未找正,不对中	检查机组振动情况,轴向振幅大,振动频率与转速相同,甚至有的振动频率为其转速的2倍、3倍等,卸下联轴器,使驱动机单独转动,如果驱动机无异常振动,则可能为不对中,应重新找正
2	转子不平衡	检查振动情况,若振动频率为n,则振幅与转子不平衡量及振动频率n^2成正比;此时应检查转子,看是否有污垢和破损,必要时转子重新动平衡
3	转子叶轮的摩擦与损坏	检查转子叶轮,看有无摩擦和损坏,必要时进行修复和更换
4	主轴弯曲	检查主轴是否弯曲,查找主轴弯曲的原因,必要时进行校正
5	联轴器的故障或不平衡	检查联轴器并拆下,检查动平衡情况,并加以修复
6	轴承不正常	检查轴承径向间隙,并进行调整,检查轴承盖与轴承瓦背之间的过盈量,如过小则应加大;若轴承合金损坏,则换瓦
7	密封不良	密封片摩擦,振动图线不规律,启动或停机时能听见金属摩擦声,修复或更换密封环
8	齿轮增速器的齿轮啮合不良	检查齿轮增速器的齿轮啮合情况,若振动较小,但振动频率较高,且是齿轮的数倍,噪声有节奏地变化,则应重新校正啮合齿轮之间的平行度
9	地脚螺栓松动,地基不坚固	修补基础,把紧地脚螺栓
10	油压、油温不正常	检查各油系统的油压、油温的工作情况,发现异常进行调整,若油温低则加热润滑油,油温高则冷却润滑油

续表

序号	可能的原因	处 理 措 施
11	油中有污垢、不清洁,使轴承发生磨损	检查油质、加速过滤、定期换油。检查轴承,必要时更换
12	机内侵入或附着夹杂物	检查转子和气缸气流通道,清除杂物
13	机内侵入冷凝水	检查压缩机内部,清除冷凝水
14	压缩机喘振	检查压缩机运行时是否远离喘振点,防喘裕度是否足够,按规定的性能曲线改变工况,加大吸入量,检查防喘振装置是否正常工作
15	气体管道对机壳的附加应力	气体管路应很好固定,防止有过大的应力作用在压缩机的气缸上,管路应有足够的弹性,以补偿热膨胀
16	压缩机附近有机器工作	将其基础、基座与其他基础、基座互相分离,并增加连接管的弹性
17	压缩机负荷急剧变化	调节节流阀的开度
18	部件松动	紧固零部件,增加防松设施

1.7.8 压缩机喘振

压缩机喘振原因及处理措施,见表 1-8。

表 1-8 压缩机发生喘振原因及处理措施

序号	可能的原因	处 理 措 施
1	运行工况点落入喘振区或距离喘振边界太近	检查压缩机运行工况点在特性曲线上的位置,如距喘振边界太近或落入喘振区,应及时脱离并消除喘振
2	防喘裕度设定不够	预先设定好的各种工况下的防喘振裕度应控制在 $1.03 \sim 1.50$ 左右,不可过小
3	吸入流量不足	进气阀开度不够,滤芯太脏或结冰,进气通道堵塞,入口气源减少或切断,应查出原因并采取相应的措施
4	压缩机出口系统压力超高	压缩机减速或停机时气体未放空或未回流,出口止逆阀失灵或不严,气体倒灌,应查明原因,采取相应措施
5	工况变化时放空阀或回流阀未及时打开	进口流量减少或转速下降,或转速急速升高时,应查明特性曲线,及时打开防喘振的放空阀或回流阀以调节流量,满足新工况的要求
6	防喘振装置未投自动	正常运行时防喘振装置应投自动
7	防喘振装置工作机构失准或失灵	定期检查防喘振装置的工作情况,发现失灵、失准或卡涩、动作不灵,应及时修理或调整
8	防喘振定值不准	严格整定防喘振数值,并定期试验,发现数值不准及时校正
9	升速、升压过快	运行工况变化,升速、升压不可过猛、过快,应当缓慢均匀
10	降速未先降压	降速之前应当先降压,合理操作才能避免发生喘振
11	气体性质改变或气体状态严重改变	当气体性质或状态发生改变之前,应换算特性曲线,根据改变后的特性曲线整定防喘振数值
12	压缩机部件破损或脱落	级间的密封、平衡盘的密封和 O 形环老化、破损、脱落,会诱发喘振,应经常检查,使之处于完好状态
13	压缩气体出口管线上逆止阀不灵	经常检查压缩机出口气体管线上的逆止阀,保持动作灵敏、可靠,以免发生转速降低或停机时气体倒灌

1.7.9　机器声音异常

机器声音异常原因及处理措施，见表1-9。

表 1-9　机器声音异常原因及处理措施

序号	可能的原因	处　理　措　施
1	机器损坏	停机检修
2	机器运转不稳定	调整工艺参数,若调不过来,可请示停机检查
3	轴承、密封件摩擦	检查轴承、密封件,进行修理或更换
4	吸入异物	停机检查,清除

1.7.10　压缩机漏气

压缩机漏气原因及处理措施，见表1-10。

表 1-10　压缩机漏气原因及处理措施

序号	可能的原因	处　理　措　施
1	密封系统工作不良	检查密封系统元件,查出问题立即修理
2	O型密封环不良	检查各O形环,发现老化、破损或脱落应及时更换
3	气缸或管接头漏气	检查气缸接合面和各法兰的接头,发现漏气及时采取措施
4	密封胶失效	检查气缸中分面和其他部位的密封胶及填料,发现失效应更换
5	密封浮座太软,不能动	发现部件腐蚀时,应更换材料,发现密封部分和密封弹簧内部有固体物质时,应分析气体成分
6	运行不正常	检查运行操作是否正确,发现问题及时解决
7	密封件破损、断裂、腐蚀、磨损	检查各密封环,发现断裂、破损、磨损和腐蚀应查明原因,并采取措施解决

1.7.11　轴承故障

轴承故障原因及处理措施，见表1-11。

表 1-11　轴承故障原因及处理措施

序号	可能的原因	处　理　措　施
1	润滑不正常	确保使用合格的润滑油,定期检查、更换润滑油,不应有水和污垢进入油中
2	不对中	检查对中情况,必要时应进行校正和调整
3	轴承间隙不符合要求	检查间隙,必要时应进行调整和更换轴承
4	压缩机或联轴器不平衡	检查压缩机和联轴器,看是否有污物附着或零件缺损,必要时应重新找平

1.7.12　止推轴承故障

止推轴承故障原因及处理措施，见表1-12。

表 1-12　止推轴承故障原因及处理措施

序号	可能的原因	处理措施
1	轴承推力过大	查看联轴器是否清洁,装配时禁止将过大的轴向推力通过原动机联轴器传递到压缩机上
2	润滑不正常	检查油泵、油过滤器和油冷却器,检查油温、油压和油量,检查油的品质,凡不符合要求的要及时处理

1.7.13　轴承温度升高

轴承温度升高的原因及处理措施,见表 1-13。

表 1-13　轴承温度升高的原因及处理措施

序号	可能的原因	处理措施
1	油管不畅通,过滤网堵塞、油量小	检查清洗油管路和过滤器,加大给油量
2	轴承进油温度高	增加油冷却器的水量
3	轴承间隙太小或不均匀	刮研轴瓦,调整瓦量
4	润滑油带水或变质	分析化验油质,更换新油
5	轴承侵入灰尘或杂质	清洗轴承
6	油冷却器堵塞,效率低	清洗油冷却器
7	机组剧烈振动	清除振动的原因
8	止推轴承油楔刮小或刮反	更换轴瓦块
9	轴承的进口节流阀孔径太小,进油量不足	适当加大节流圈的孔径
10	冷却器的冷却水量不足,进油温度过高	调节冷油器冷却水的进水量
11	轴衬巴氏合金牌号不对或浇铸有缺陷	按图纸规定的巴氏合金牌号重新浇铸
12	轴衬存油沟太小	适当加深加大存油沟

1.7.14　轴位移增大报警

轴位移增大的原因及处理措施,见表 1-14。

表 1-14　轴位移增大的原因及处理措施

序号	可能的原因	处理措施
1	轴向位移仪表失灵	检查仪表故障进行处理
2	止推轴承损坏	修理或更换瓦块
3	机器操作不稳定	查明原因,予以排除
4	安装不良	检查轴向位移系统,进行检修或调整
5	油管堵塞,轴瓦进油量小	检查清洗油路
6	机器振动,轴瓦温度上升	紧急停车,检查修理

1.7.15　油密封环和密封环故障

油密封环和密封环故障原因及处理措施，见表 1-15。

表 1-15　油密封环和密封环故障原因及处理措施

序号	可能的原因	处 理 措 施
1	不对中和振动	参阅振动部分
2	油中有污物	检查油过滤器,更换附有油污的滤芯,检查管中清洁度
3	密封环间隙有偏差	检查间隙,必要时应调整或更换密封环
4	油压不足	检查参比气的压力,不得低于最小极限值

1.7.16　密封系统工作不稳、 不正常

密封系统工作不稳、不正常的原因及处理措施，见表 1-16。

表 1-16　密封系统工作不稳、不正常的原因及处理措施

序号	可能的原因	处 理 措 施
1	密封环精度不够	检查密封环,必要时应修理或更换
2	密封油品质或油温不符要求	检查密封油质,指标不符合应要求更换;检查密封油温,并进行调节
3	油、气压差系统工作不良	检查参比气压力及线路,并调整到规定值;检查压差系统各元件工作的情况
4	密封部分磨损或损坏	拆下密封后重新组装,按规定进行修理或更换
5	密封环磨损不一	应轻轻研磨轴套、叶轮轮毂等和密封的接触面,并修正成直角
6	浮座的端面有缺口或密封面磨损	消除吸入损伤,减少磨损,必要时更换新的
7	浮座的接触不是同样的磨损	应研磨、修正接触面或更换新的
8	密封环断裂或破坏	组装时注意勿损伤,尽量减少无负荷运行,不能修复时应更换
9	密封面、密封件、O形环被腐蚀	分析气体性质,更换材质或零件
10	低温操作密封部分结冰	如有可能应消除结冰,或用干燥氮气净化密封
11	计量仪表工作的误差	检查系统的测量仪表,发现失准应检修或更换

1.7.17　压缩机叶轮破损

压缩机叶轮破损原因及处理措施见表 1-17。

表 1-17　压缩机叶轮破损原因及处理措施

序号	可能的原因	处　理　措　施
1	材质不合格,强度不够	重新审查原设计和制造所用的材质,如材质不合格应更换叶轮
2	工作条件不良造成强度下降	工作条件不符合要求,由于条件恶劣,造成强度降低,应改善工作条件,使之符合设计要求
3	负荷过大,强度降低	因转速过高或流量、压比太大,使叶轮强度降低造成破坏,禁止严重超负荷或超速运行
4	异常振动,动静部分碰撞	振动过大,造成转动部分与静止部分接触、碰撞,形成破损;严禁振值过大时强行运转;消除异常振动
5	落入夹杂物	压缩机内进入夹杂物打坏叶轮或其他部件。严禁夹杂物进入压缩机,进气应过滤
6	浸入冷凝水	冷凝水浸入或气体中含水分在机内冷凝,可能造成水击或腐蚀,必须防止进水和积水
7	沉积夹杂物	保持气体的纯洁,通流部分和气缸内有沉积物应及时清除
8	应力腐蚀和化学腐蚀	防止发生应力集中;防止有害成分进入压缩机;做好压缩机的防腐措施

1.7.18　齿轮增速器声音不正常

齿轮增速器声音不正常原因及处理措施见表 1-18。

表 1-18　齿轮增速器声音不正常原因及处理措施

序号	可能的原因	处　理　措　施
1	由于过载或冲击载荷使齿轮突然断裂(疲劳断裂或载荷集中断裂)	修理或更换齿轮,启动要平稳、缓慢,运行要稳定
2	齿轮齿面的疲劳点蚀、胶合面磨损或塑性变形	修理、调整齿轮,严重的更换齿轮
3	齿轮工作面啮合不良	重新安装调整齿轮的啮合
4	齿轮间隙不适宜	重新调整间隙

1.7.19　齿轮振动加剧

齿轮振动加剧的原因及处理措施见表 1-19。

表 1-19　齿轮振动加剧的原因及处理措施

序号	可能的原因	处　理　措　施
1	齿轮磨损或损坏	调整啮合间隙、或更换齿轮
2	齿面接触精度差	提高加工精度,修整齿面
3	中心线对中不良	重新安装找正
4	轴瓦间隙太小	刮瓦调整

续表

序号	可能的原因	处 理 措 施
5	润滑不良	查明原因予以排除
6	由驱动机或压缩机的振动引起	查明原因,消除振动源

1.7.20 齿轮润滑不良

齿轮润滑不良原因及处理措施见表 1-20。

表 1-20 齿轮润滑不良原因及处理措施

序号	可能的原因	处 理 措 施
1	油变质或带水或含有杂质	对油进行化学分析,查明原因,更换油
2	供油系统堵塞	检查油路系统,进行清洗

1.7.21 润滑油压力降低

润滑油压力降低原因及处理措施见表 1-21。

表 1-21 润滑油压力降低原因及处理措施

序号	可能的原因	处 理 措 施
1	主油泵故障	切换检查,修理油泵
2	油管破裂或连接处漏油	检查修理或更换管段
3	油路或油过滤器堵塞	切换、清洗
4	油箱油位过低	加油
5	油路控制系统机构不良	检查调整
6	油压自控或压力失灵	检查修理或更换压力表
7	轴承温度突然升高	停机检查巴氏合金表面

1.7.22 油压波动剧烈

油压波动剧烈原因及处理措施见表 1-22。

表 1-22 油压波动剧烈原因及处理措施

序号	可能的原因	处 理 措 施
1	油路中混入空气或其他杂质	打开放气阀,清除杂质
2	油压调节阀失灵	调整油压调节阀或更换
3	油压表不良	检查、修理或更换
4	油泵或管路振动剧烈	查明原因排除振源

1.7.23 油冷却器后油温高

油冷却器后油温高的原因及处理措施见表 1-23。

表 1-23 油冷却器后油温高的原因及处理措施

序号	可能的原因	处 理 措 施
1	冷却水量不足	增加冷却循环水量
2	冷却器结垢,效率低	清除污垢
3	润滑油变质	换油
4	冷却水压力低,水温高	增加冷却水压力,加大水量
5	管路故障,冷却水中断	检查管路,排除故障

1.7.24 主油泵振动发热或产生噪声

主油泵振动发热或产生噪声的原因及处理措施见表 1-24。

表 1-24 主油泵振动发热或产生噪声的原因及处理措施

序号	可能的原因	处 理 措 施
1	油泵组装不良	重新按图组装
2	油泵与电动机轴不同心	重新找正对中
3	地脚螺栓松动	紧固地脚螺栓
4	轴瓦间隙大	调整轴瓦间隙
5	管路脉振	紧固或加管卡
6	零件磨损或损坏	修理零件或更换
7	溢流阀或安全阀不稳定	调整阀门或更换阀门

1.7.25 油温升高

油温升高的原因及处理措施见表 1-25。

表 1-25 油温升高的原因及处理措施

序号	可能的原因	处 理 措 施
1	出口水温高	增加冷却循环水流量
2	冷却水量不足	增加冷却循环水流量
3	润滑油系统内有气泡,变质	放出油系统中的气体,换油
4	油冷却器积垢使冷却效果下降	检查油冷却器,清除积垢

1.7.26　润滑油变质

润滑油变质的原因及处理措施见表 1-26。

表 1-26　润滑油变质的原因及处理措施

序号	可能的原因	处 理 措 施
1	水和压缩机的气体混入润滑油使油混浊或变色	检查压缩机的机械密封,查看渗漏是否扩大,检查轴套的 O 形环,发现问题及时解决
2	油位过高,油发泡	停机检查油位,油质不良更换

1.7.27　润滑油量突然减少

润滑油量突然减少的原因及处理措施见表 1-27。

表 1-27　润滑油量突然减少的原因及处理措施

序号	可能的原因	处 理 措 施
1	油泵发生故障	检查主油泵是否运转,主油泵切换时,辅助油泵是否运转
2	油泵输入轴处油封漏油	检查输入轴处的漏油量,必要时更换油封
3	齿轮箱机械密封处漏油	检查机械密封,有问题及时解决

1.7.28　原动机超负荷

原动机超负荷的原因及处理措施见表 1-28。

表 1-28　原动机超负荷的原因及处理措施

序号	可能的原因	处 理 措 施
1	气体相对分子质量比规定值大	检查实际相对分子质量,与说明书进行比较
2	原动机电气方面有毛病	检查断路器的热容量和动作状况,检查电压是否降低,检查各相电流差是否在 3% 以内,发现问题及时解决
3	原动机、齿轮箱、压缩机等机械缺陷,零件相碰	卸开原动机,检查原动机和齿轮箱等设备的轴是否自由、轻快转动;研究润滑油的排出状况,查看有无金属磨损粉末;拆开压缩机体,查看有无接触,刮碰现象
4	与叶轮相邻的扩压器表面腐蚀,扩压度降低	拆机检查,检查扩压器各流道,如有腐蚀应改善材质或提高表面硬度;清扫表面(用金属砂布擦),使表面光滑;如叶轮与扩压器相碰,或扩压器变形,应更换
5	叶轮或扩压器变形	叶轮或扩压器变形应修复或更换
6	转动部分与静止部分相碰	拆开原动机、压缩机和齿轮箱,检查各部间隙并与说明书对照,发现问题及时解决
7	吸入压力高	吸入压力高,则质量流量大,功率消耗大,与说明书对照,找出原因并加以解决

思 考 题

1. 离心式压缩机为什么比往复式压缩机难以操作和控制？

2. 离心式压缩机的段、级、缸的概念有何区别？

3. 离心式压缩机的主轴作用是什么？

4. 离心式压缩的叶轮有哪三种型式？

5. 平衡盘的作用是什么？

6. 气缸结构有哪三种型式？

7. 防止内部泄漏的气封常有哪三种型式？

8. 离心式压缩机有哪些优缺点？

9. 请简述离心式压缩机的工作原理。

10. 离心式压缩机试运转的必备条件是什么？

11. 离心式压缩机有哪些重要过程操作？

12. 离心式压缩机试运的目的是什么？

13. 如何选拔和培训试运人员？

14. 压缩机启动前有哪些检查内容？

15. 工艺管道为什么需要吹除与扫净？

16. 如何检查监控电器与仪表？

17. 如何冲洗油路系统？

18. 如何清洗油箱、油过滤器、油冷却器？

19. 清洗不锈钢管、碳钢管应注意什么问题？

20. 离心式压缩机试运后应注意什么问题？

21. 启动前润滑油温应不低于多少度？运行正常后不高于多少度？

22. 段间冷却器有哪几种型式，如何选用？

23. 压缩机启动前各阀门应处于什么状态？并绘出简图说明。

24. 压缩机启动前如何对系统进行置换？在什么工况下才需要转换？

25. 压缩机启动后应注意什么问题？

26. 如何理解"升压先升速，降速先降压"这句话，如何实现？

27. 离心式压缩机发生喘振时有何典型现象？

28. 影响压缩机排气量的因素有哪些？

29. 压缩机升压过程中应注意哪些问题？

30. 压缩机运行时应巡查哪些项目？

31. 如何防止压缩机反转？

32. 喘振严重时会发生哪些破坏作用？

33. 什么叫做"安全压比"升压法？

第**2**章

chapter 2

往复式压缩机操作技术及理论基础

知识目标:

1. 了解往复式压缩机的结构特性;

2. 了解往复式压缩机的优缺点;

3. 理解往复式压缩机的工作原理;

4. 了解往复式压缩机安装前的准备工作;

5. 了解压缩机安装的基础知识;

6. 了解往复式压缩机试运行前的准备工作;

7. 了解往复压缩机试运行的方法与步骤;

8. 了解往复式压缩机无负荷试运转的方法与步骤;

9. 了解往复式压缩机有负荷试运转的方法与步骤;

10. 了解往复式压缩机的日常维护与管理知识;

11. 掌握往复式压缩机附属设备与管道的吹扫的方法与步骤;

12. 掌握往复式压缩机的开停车技术;

13. 掌握判断、分析往复式压缩机的故障原因,并能采取相应的措施。

能力目标:

1. 能够完成往复式压缩机安装前的准备工作;

2. 能够参与往复式压缩机的安装工作;

3. 能够做好启动前的准备工作;

4. 能够完成往复式压缩机的开、停车;

5. 能够进行往复式压缩机的日常维护与管理;

6. 能够判断、分析往复式压缩机的故障原因,并能采取正确的措施消除故障。

2.1 往复式压缩机概述

2.1.1 往复式压缩机的应用

目前,虽然大型化学工业应用离心式压缩机较为普遍,但在高压或超高压领域以及生产负荷变化较大的场所,往复式压缩机仍具有其独特的作用。随着技术的进步,往复式压缩机逐渐向流量大、压力高、结构紧凑、能耗低、噪声低、振动小、效率高、可靠性高、排气净化能力强的方向发展。目前往复式压缩机普遍采用撬装无基础、全罩低噪声设计,以节约安装、基础建设和调试费用。所谓撬装无基础是指将往复式压缩机功能组件集成于一个整体底座上,可以整体安装、移动的一种集成方式。当设备需要移动、就位,使用撬杠就可方便地进行。不断地开发新型气阀以满足实际工况变化条件下的运行,而且气阀寿命得到了很大提高。在压缩机产品设计上,应用压缩机热力学、动力学计算软件和压缩机工作过程模拟软件等设计包,提高了计算准确度。通过综合模拟模型预测压缩机在实际工况下的性能参数,以提高新产品开发的成功率。而且往复式压缩机在操作运行上由原来的手动操作发展为机电一体化,采用计算机自动控制,自动显示各项运行参数,实现优化节能的运行状态。已能优化联机运行，一旦运行参数异常时就能自动显示、报警与保护。压缩机产品设计逐渐地重视工业设计和环境保护，压缩机外形更加美观，更加符合环保要求。国内已有厂家可以设计和制造石化行业需要的大型往复式压缩机，如沈阳气体压缩机厂、上海压缩机厂、无锡压缩机厂等。经过多年的发展，国内已形成 L、D、DZ、H、M 等数十个压缩机系列、数百种产品。目前国内的中小型压缩机基本满足了国内石化行业的需求，但大型往复压缩机往往还不能完全满足需要。国内厂家在引进成套的往复压缩机设计制造技术的基础上，在炼油、化工领域，尤其在大中型往复压缩机技术开发方面取得了突破性进展。相继研制成功了符合现行国际标准的 4M50、4M80 系列大型氢气往复压缩机组、6M50 型系列氮氢气压缩机组。目前国内往复式氢气压缩机容积流量达到 34000m³/h、活塞压力达到 80kN，出口压力达到 19MPa，轴功率达到 4000kW，已用于 200 万吨/年渣油加氢脱硫装置。国产迷宫压缩机流量达到 980m³/h，出口压力达到 3.8MPa，已经应用于 7 万吨/年聚丙烯装置。大型机组的研制成功，打破了国外厂商长期垄断我国炼油、化工用往复压缩机市场的局面，使同种机组的市场价格下降超过 50%，标志着中国的往复式压缩机制造能力正向国际先进水平迈进。当然目前国内往复压缩机技术水平同国外相比还是有一定差距，像国外往复式压缩机的活塞荷载最大推力已达 1250kN，轴功率突破 10000kW。差距主要表现在基础理论研究、产品技术开发能力、工艺装备和试验手段、产品技术起点、规格品种、效率、制造质量和可靠性等方面，一些技术含量高和特殊要求的往复式压缩机产品主要还是以进口为主。

2.1.2 往复式压缩机结构及优缺点

（1）往复式压缩机的结构

如图 2-1 所示为往复式压缩机剖面图。

往复式压缩机与离心式压缩机相比较，其优缺点可以从其结构上一目了然。

往复式压缩机主要由气缸、活塞、活塞杆、曲轴、连杆、十字头、填料函等组成。

1）气缸 气缸主要由缸座、缸体、缸盖三部分组成，低压级多为铸铁气缸，设有冷却水夹层；高压级气缸采用钢件锻制，由缸体两侧中空盖板及缸体上的孔道形成冷却水腔。

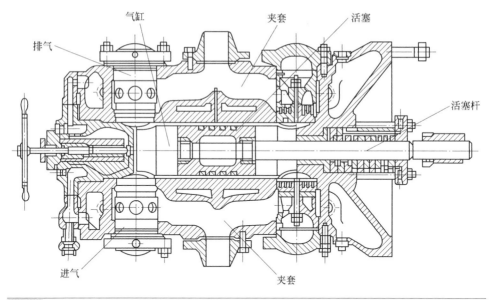

图 2-1 往复式压缩机剖面结构图

2）气阀 气阀分为进气阀和排气阀，它是压缩机的重要部件之一，靠它控制气体的吸入和排出。气阀种类很多，有环状阀、网状阀、条状阀、直流阀和碟阀等。如图 2-2 所示为环状阀安装结构示意图。环状阀是由阀座、阀片、弹簧、升程限制器、连接螺栓及螺母等组成。

进气阀和排气阀安装在气缸的两个相反的方向。进气阀只允许气体进入气缸，排气阀只允许气排出气缸，两阀交替工作。

3）活塞 活塞是由活塞杆带动在气缸内作往复运动的主要部件，它起到吸气、压缩和排气的作用。活塞部件是由活塞体、活塞杆、活塞螺母、活塞环、支承环等零件组成，每级活塞体上装有不同数量的活塞环和支承环，用于密封压缩介质和支承活塞重量。图 2-3 是活塞的结构图，（a）为低压活塞，（b）为高压柱塞。

4）曲轴 曲轴是压缩机的重要运动部件，它是将驱动机的圆周运动转变成直线往复运动。压缩机的曲轴一般有三种结构型式：曲柄轴、偏心轴和曲拐轴。小型压缩机多采用曲柄轴和偏心轴，大中型压缩机多采用曲拐轴。图 2-4 为曲拐轴结构图。曲拐主要由主轴颈、曲柄销和曲柄臂三部分组成，其相对列曲拐错角为 $180°$，曲轴功率输入端带有联轴法兰盘，法兰盘与曲轴制成一体，输入扭矩是通过紧固联轴盘上螺栓使法兰盘连接面产生的摩擦力来传递的，曲轴为钢件锻制加工成的整体实

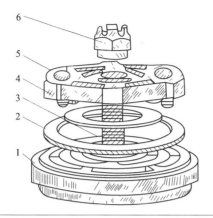

图 2-2 环状阀装配结构

1—阀座；2—阀片；3—螺栓；4—弹簧；5—升程限制器；6—螺母

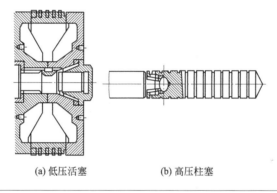

(a) 低压活塞　　　(b) 高压柱塞

图 2-3 活塞结构图

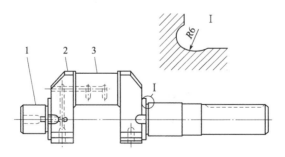

图 2-4 曲拐轴结构图

1—主曲线；2—曲柄；3—曲柄销

心结构，轴体内不钻油孔，以减少应力集中现象。

5）连杆　连杆是曲轴与活塞间的连接件，它将曲轴的回转运动转化为活塞的往复运动，并把动力传递给活塞对气体做功。连杆包括连杆体、连杆小头衬套、连杆大头轴瓦和连杆螺栓。连杆分为连杆体和连杆大头瓦盖两部分，由二根抗拉螺栓将其连接成一体，连杆大头瓦为剖分式，瓦背材料为碳钢，瓦面为轴承合金，两端翻边做轴向定位，大头孔内侧表面镶有圆柱销，用于大头瓦径向定位，防止轴瓦转动；连杆小头及小头衬套为整体式，衬套材料为锡青铜。

连杆体沿杆体轴向钻有油孔，并与大小头瓦背环槽连通，润滑油可经环形槽并通过轴瓦上的径向油孔实现对十字头销和曲柄销的润滑。

为确保连杆安全可靠地传递交变载荷，连杆螺栓必须有足够预紧力，其预紧力的大小是通过连杆螺栓紧固的力矩来保证的，力矩的数值各系列不同。

连杆体、大头瓦盖为优质碳钢锻制，连杆螺栓为合金结构钢材料。

连杆大头瓦盖处螺孔为拆装时吊装用孔，组装后应将吊环螺钉拆除。

连杆螺栓累计使用时间达到 16000h，必须更换新螺栓。连杆结构如图 2-5 所示。

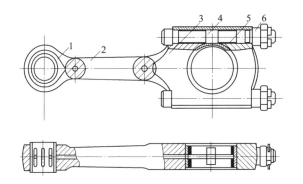

图 2-5 连杆结构

1—小头；2—杆体；3—大头；4—连杆螺栓；5—大头盖；6—连杆螺母

6）十字头　十字头是连接活塞与连杆的零件，它具有导向作用。

十字头与活塞杆的连接型式分为螺纹连接、联轴器连接、法兰连接等。螺纹连接结构简单，易调节气缸中的止点间隙。但是调整时需转动活塞，且在十字头体上切削螺纹时，经多次拆装后极易磨损，不易保证精度要求。故这种结构常用于中、小型压缩机上。不在十字头体上切削螺纹，而采用两螺母夹持固定的结构，可用于大、中型压缩机。联轴器和法兰连接结构，使用可靠，调整方便，使活塞杆与十字头容易对中，但结构复杂笨重，多用在大型压缩机上。十字头结构如图 2-6 所示。

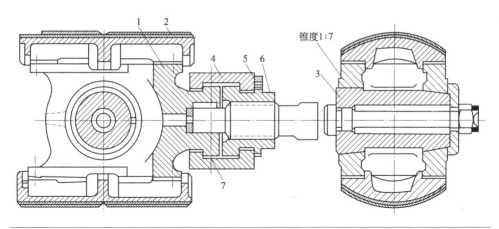

图 2-6 法兰连接可拆式十字头结构

1—十字头；2—滑板；3—十字头销；4—连接套筒；5—拨齿；6—螺母；7—垫片

7）填料 填料主要起到密封作用，阻止气体沿活塞杆周围间隙向外泄漏。由于活塞不停地做往复运动，所以要求填料具有密封性能好、耐磨和摩擦系数小等特性。如图 2-7 为平面填料函，图 2-8 为普通锥面密封圈，图 2-9 为合成氨压缩机用高压锥形填料。

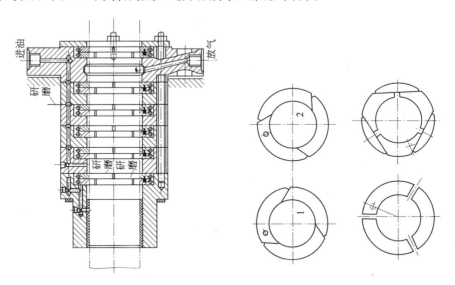

图 2-7 平面填料图

（2）往复式压缩机的主要优缺点

主要优点如下：

1）适用压力范围广，不论流量大小，从理论上讲均能达到所需

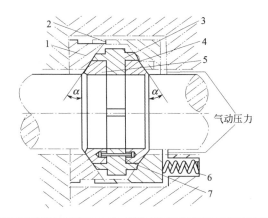

图 2-8 普通锥面密封圈

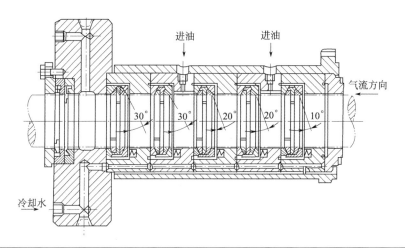

图 2-9 合成氨压缩机用高压锥形填料

压力；

2）适应性强，即排气范围较广，且不受压力高低影响，能适应较广阔的压力范围；

3）对材料要求低，多用普通钢铁材料，加工较容易，造价也较低廉；

4）装置系统比较简单，可维修性强；

5）相对于离心式压缩机来说，热效率高，单位耗电量少；

6）技术上较为成熟，生产使用上积累了丰富的经验。

主要缺点如下：

1）排气不连续，造成气流脉动，所以出口必须设置稳压和缓冲装置；

2）转速不高，机器大而重，零部件多，给安装带来困难；

3）运转时有较大的振动；

4）结构复杂，易损件多，维修量大，备件多；

5）不如离心式压缩机组运转时间长，为了保证生产连续性，必须有备用机组。

2.1.3 往复式压缩机的工作原理

往复式压缩机工作原理如图 2-10 和图 2-11 所示。

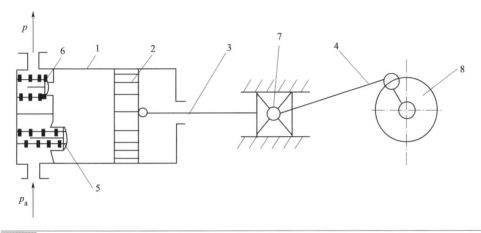

图 2-10　单动卧式往复式压缩机工作原理

1—气缸；2—活塞；3—活塞杆；4—连杆；5—进气阀；6—出气阀；

7—十字头；8—传动飞轮

往复式压缩机属于容积式压缩机，是使一定容积（实际上是一定质量的气体，进出气体质量不变，但经过压缩之后压力增加，体积缩小）的气体顺序地吸入和排出封闭空间以提高静压力的压缩机。曲柄带动连杆 4，连杆 4 通过十字头 7 与活塞杆 3 相连带动活塞 2 前后或上下运动。活塞运动使气缸 1 内的容积发生变化，当活塞向后或向下运动的时候，气缸容积增大，进气阀 5 打开，出气阀 6 关闭，气体被吸进来，完成进气过程；当活塞 2 向前或向上运动的时候，气缸容积减小，出气阀 6 打开，进气阀 5 关闭，完成压缩过程。通常活塞上有活塞环来密封气缸 1 和活塞 2 之间的间隙，气缸 1 内有润滑油润滑活塞环。立式压缩机是通过曲轴（侧视图未画出）带动连杆，活塞做上下运动。当活塞向下运动的时候，汽缸容积增大，进气阀打开，排气阀关闭，气体被吸进来，完

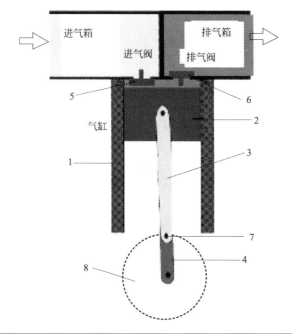

图 2-11 单动立式往复式压缩机结构原理

成进气过程；当活塞向上运动的时候，气缸容积减小，出气阀打开，进气阀关闭，完成压缩过程。

下面根据图 2-10 和图 2-11 单动往复式压缩机工作原理图，再结合图 2-12 往复式压缩机工作过程中压力-体积变化关系说明往复式压缩机工作原理。

活塞在气缸内运动到最左端时，活塞与气缸盖之间还留有一很小的空隙，称余隙，其作用主要是防止活塞撞击到气缸前端盖上。由于余隙的存在，在气体排出之后，气缸内还残存一部分高压气体 p_2，其状态如图 2-12 中 A 点所示。当活塞从最左端向右运动时，残留在余隙中的气体开始膨胀，压力从 p_2 下降到 p_1，其状态相当于图 2-12 中 B 点所示，这一阶段称为膨胀阶段。当气缸继续向右运动时，气缸内的压力稍低于压力 p_1，于是进气阀打开，气体被吸入气缸，直到活塞运动到最右端，其状态如图 2-12 中 C 点所示，这一阶段称为吸气阶段。此后活塞改向左运动，缸内气体被压缩而升压，进气阀关闭，气体继续被压缩，直到活塞到达图 2-12 中 D 点的状态，压力增大到稍微高于压力 p_2，这一阶段称为压缩阶段。此时，排气阀打开，气体在压力 p_2 状态

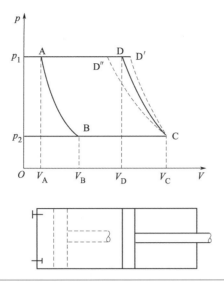

图 2-12　单动往复式压缩机工作过程中压力-体积变化关系

下从气缸中排出，直到活塞回复到图 2-12 中 A 点的状态，这一阶段称为排气阶段。

　　由此可见，往复式压缩机的一个循环过程是由膨胀、吸气、压缩、排气等四个阶段构成。在图 2-12 的 p-V 坐标上形成一个封闭曲线。AB 为余隙的膨胀阶段，BC 为吸气阶段，CD 为压缩阶段，DA 为排气阶段。由于气缸内余隙中高压气体的存在，使吸入的气体量减少，增加动力消耗，故余隙不宜过大，一般余隙容积为活塞一次扫过容积的 5％左右，此百分比又称余隙系数。

　　气体在往复式压缩机的压缩过程既不能是一个完全的等温过程，也不能是一个完全的绝热过程，是介于等温和绝热之间的一个多变压缩过程，对于一个多变压缩过程的排出气体的绝对温度和所消耗的外功分别为

$$\left.\begin{array}{l} T_2 = T_1 \left(\dfrac{p_2}{p_1}\right)^{\frac{\kappa-1}{\kappa}} \\[4mm] W = p_1 V_1 \dfrac{\kappa}{\kappa-1}\left[\left(\dfrac{p_2}{p}\right)^{\frac{\kappa-1}{\kappa}} - 1\right] \end{array}\right\} \tag{2-1}$$

　　式中 κ 称为多变指数，其值为大于 1 的实验常数。

　　从式(2-1) 可以看出，在多变压缩过程中，排气温度随排气压力的增加而呈指数变化，压缩比 $\dfrac{p_2}{p_1}$ 越大，排气温度越高；进气温度越高，

排气温度越高。排气温度越高，压缩机气缸的强度越低，越容易受到破坏，被压缩的气体危险性越大。所以为了保证压缩机操作的安全性，一是压缩机进口气体的温度要低，有的甚至要经过冷却器冷却降温后方能进气，但进气温度要高于被压缩气体的露点温度；二是压缩比要适当。同时，还要加强气缸壁的冷却和活塞与气缸壁之间的润滑。

在生产过程中，如果所需气体的压缩比很大，把压缩过程用一个气缸一次完成往往是不可能的，即使理论上是可行的，但实际上也是无法实现的。压缩比太高，不仅动力消耗过大，而且温升也过大。温升过大，气缸内的润滑油会变性，即润滑油发生裂解，使其黏度下降，甚至有可能发生焦糊现象。由于润滑油变性，润滑不良，机件受损，严重时会发生爆炸事故。为了降低压缩机压缩过程中温升过高而对设备强度的显著影响，往往当压缩比超过 8 时采用多级压缩，一般正常情况下压缩比为 3～5。在多级压缩过程中，增加气缸的数目以减少每级压缩比，进而减少余隙的影响，提高压缩机的容积率。但多级压缩机本身并没有解决气体温度过高的问题。虽然在气缸壁上装上水的夹套或散热片，但远不足以移走气体压缩时所产生的热量。为了解决这一问题，在级与级间还设置了中间冷却器，这样可以移除压缩所产生的热量。在中间冷却器后再安排一个气液分离器或除油器，以除去气体在冷却过程中其中微量的可凝气体液化成的液体或在压缩过程中气体中混入的润滑油。虽然说是微量液体，但若不除去，如果进入下一级压缩机就会对压缩机产生严重的破坏作用。

2.1.4　往复式压缩机的类型与选用

往复式压缩机的分类方法很多，按在活塞的一侧或两侧吸、排气分为单动和双动往复压缩机，如图 2-10 和图 2-11 为一侧吸、排气，所以叫做单动式压缩机；按气体受压次数分为单级（压缩比为 2～8）、双级（压缩比为 8～50）和多级（压缩比为 50～100）压缩机；按压缩机所产生终压的大小分为低压（1MPa 以下）、中压（1～8MPa）、高压（8～100MPa）和超高压（100MPa 以上）压缩机，从目前情况来说，超高压领域仍为往复式压缩机所独占；按生产能力分为小型（10m³/min 以下）、中型（10～30m³/min）和大型（30m³/min 以上）；按被压缩介质的种类分为空气压缩机、氨压缩机、氢压缩机、石油压缩机、合成气压缩机等，我们习惯上都是按介质种类来分类。

　　压缩机型式的主要标志，是气缸所在空间的位置以及气缸的排列方式，若按气缸在空间位置不同分类，压缩机可分为立式 Z、卧式 P、角式（气缸互相配置成 L 型，V 型和 W 型）；若按气缸排列方式不同分为单列（气缸在同一中心线上）、双列以及对称平衡型 M（几列气缸对称分布在电机飞轮的两侧）。一般立式用于中小型；卧式用于小型高压；角式用于中小型；对称平衡型使用普遍，特别适用于大中型往复式压缩机；对制式主要用于超高压压缩机。

　　我国制造的往复式压缩机多以字母代表型号，与字母连用的数字分别代表气缸列数（在字母之前）、推力、排气量和排气压力（在字母之后），举例如下。

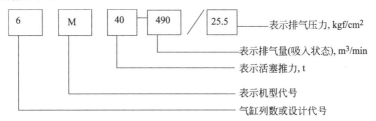

　　上例为 6 列气缸，M 表示对称平衡型，活塞推力为 40t，排气量为 $490m^3/min$，排气压力为 $25.5kgf/cm^2$（2.55MPa）。

　　国内往复式压缩机通用机型代号的含义表示气缸布局，如图 2-13 所示。

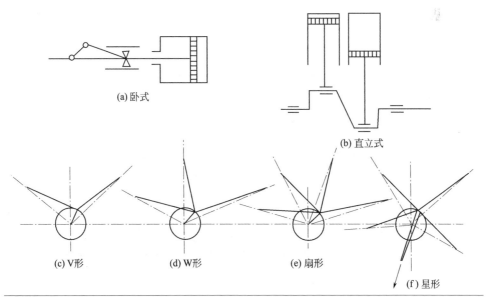

图 2-13　压缩机气缸布置型式

2.2 往复式压缩机的安装

往复式压缩机的安装过程包括：压缩机安装前的准备工作，压缩机基础的检查验收，垫铁的选用，机器的就位、找平、找正和二次灌浆等一系列过程。

2.2.1 安装前的准备工作

1）机组安装前应具备下列技术资料：

① 产品出厂合格证或质保书；

② 产品总图、主要部件图、产品使用说明书等。

2）安装前应对分箱包装的各零件进行彻底清洗，清除零部件所有表面的防锈油，并涂适量的润滑油以防止在安装间隔期内发生锈蚀。

3）安装前应对周围环境进行清理，保持安装环境清洁、干燥。应避免有害尘埃及腐蚀气体影响。

4）安装前已组织施工人员进行必要的学习培训，以便了解掌握本产品的基本结构特点以及安装中的有关规定要求。

第1）～3）项实际上是指在设备进厂之后必须开箱进行验收，并在验收单上签字认可。第4）项在开工建设初期就需有计划地进行。

2.2.2 基础验收

1）按有关土建基础施工图及压缩机产品技术资料，对基础标高位置进行复测检查。其允许偏差应符合有关标准、规范的规定。

2）对基础进行外观检查，不允许有较明显的裂纹、蜂窝、空洞、露筋等缺陷。

2.2.3 机身安装

1）基础表面应进行铲麻处理，麻点应分布均匀，深度不宜小于10mm。

2）机身就位前，应将其底面上的油污、泥土等脏物清除净。

3）机身安装宜采用垫铁安装，平垫铁和斜垫铁的规格表按表2-1及图2-14选取制作，每组垫铁不应超过四块，其中仅允许有一对斜垫铁。安装后用0.05mm塞尺检查时，允许局部有间隙，但塞尺插入深度不得超过垫铁总长（宽）的1/3。

表 2-1　斜垫铁与平垫铁尺寸表

斜垫铁尺寸表　　　　　　　　　　　　单位：mm

尺寸＼机型	2D10 4M10	2D16 4M16	2D20	2D25 4M25	2D32 4M32 6M32	2D40 4M40 6M40	2D50 4M50 6M50	2D80 4M80
A	200			200	250		280	280
B	50			70	100		120	150
C	12					15		16
D	6					8		10

平垫铁尺寸表　　　　　　　　　　　　单位：mm

尺寸＼机型	2D10 4M10	2D16 4M16	2D20	2D25 4M25	2D32 4M32 6M32	2D40 4M40 6M40	2D50 4M50 6M50	2D80 4M80
A	200			200	250		280	280
B	50			70	100		120	150
C	20				25			

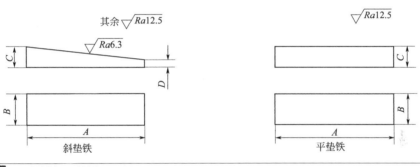

图 2-14　斜垫铁与平垫铁二视图

4）垫铁与基础应均匀接触，接触面积应达 50％以上，各垫铁组上平面应保证水平度和同标高。

5）机身垫铁安放位置如图 2-14 所示，每个地脚螺栓两侧的垫铁位置应尽量靠近。

6）基础平面及地脚螺栓孔清理干净后，将机身地脚螺栓放入螺栓孔中的隔离套管内（如无隔离套管，可直接放入孔中）并与锚板正确连接。

7）机身应整体吊装并安放在基础垫铁上，吊装过程中应保持机身水平和稳定。

8）机身的找正。

① 机身水平度应用水平仪检测，列向水平在十字头滑道处测量，水平度不应超过 0.1mm/m；轴向水平度在机身轴承座孔处测量，水平度不应超过 0.05mm/m. 并以两端数值为准，中间值作参考，两者水平度偏差不得大于 0.05mm/m。

② 曲轴就位后，应在主轴颈上复查轴向水平，其允许偏差应不大于 0.1mm/m，并应保证轴颈底部与轴瓦接触良好。

③ 对接组合式机身，应检测机身轴承孔同轴度不大于 0.05m/m。

④ 机身水平找正时，应使垫铁组与机身底座完全接触，使之均匀受力。

⑤ 地脚螺栓应按对称位置均匀拧紧，千万不要按逆时针或顺时针方向依次紧固，在紧固过程中机身的水平度不应发生变化，否则应松开地脚螺栓重新调整各垫铁组，直至达到要求。机身地脚螺栓的紧固力矩见"产品说明书"中的规定。

⑥ 机身找正合格后，将垫铁组的垫铁点焊固定。

⑦ 机身二次灌浆应在机身找正合格后 24h 内进行，否则，在二次灌浆前，应对机身的找正数据进行复测，无变化时方可进行二次灌浆。

⑧ 二次灌浆时应用细碎石混凝土（或水泥砂浆），其标号应比基础混凝土标号高一级，灌浆时应捣固密实，并保证机器安装精度。

2.2.4　曲轴、连杆、十字头的安装

1）曲轴、连杆、十字头出厂时进行油封的防锈油，安装前应彻底清洗干净，连杆十字头上的油孔、油槽应保持畅通、清洁。

2）主轴承、连杆大头瓦与主轴颈、曲柄销的良好接触及径向间隙是靠精密的机械加工保证的，在紧固螺栓达到拧紧力矩的条件下，其间隙值应符合"产品使用说明书"中的规定。

3）轴承合金表面，一般不应刮研，如与主轴承局部接触不良时，允许微量修研合金层表面。

4）主轴承盖螺栓和连杆螺栓的拧紧力矩是靠螺栓拧紧后的伸长量来保证的。伸长量及拧紧力矩应符合"产品使用说明书"中的规定。

5）当连杆螺栓采用液压紧固装置时，其使用操作的油压和紧固方法，应按随机图样中的"工具部件"及"产品使用说明书"中的规定进行。

6）曲轴在机身上就位安装后，应将各曲拐分别置于上、中、下、左、右四个相互垂直的位置上，分别测量其曲拐臂间距离，其偏差值应符合"产品使用说明书"中的规定。

7）机身与中体为整体结构，主轴承孔中心与十字头滑道中心的垂直度是靠数控精密机床的加工来保证的，安装时其两中心的垂直度可不进行测量。

8）机身两侧列的十字头，因其受作用力方向相反，制造厂在出厂时已将各自十字头滑履上的垫片数量进行调整，并在每个十字头与其对应的机身列处打上字头标记，用户在安装时，应注意其对应关系，不得装错。

2.2.5　填料、接筒、气缸的安装

1）组装填料时，每组密封元件的装配关系及顺序应按随机图样中"填料部件"图中的要求进行，不得装反。

2）每组填料密封环与填料盒间轴向间隙，应符合随机图样中的规定。

3）填料组装后，应保证注油孔、漏气回收孔、充氮孔及冷却水孔畅通、清洁，并整体安装于气缸上。

4）将接筒与气缸以止口进行定位，连接面上的O形密封圈应全部放入沟槽中，紧固连接螺栓后，应使气缸与接筒连接面全部接触无间隙。

5）气缸、接筒连接一体后，再将接筒另端与机身连接，其要求同2.5.4。

6）安装气缸支承，通过支承底板上的调整螺钉，可调整气缸的水平。

7）机身十字头滑道中心线与机身主轴承孔中心线垂直度是靠精密设备加工保证的，安装时不需再进行检测。

8）当采用拉钢丝找正时，应以十字头滑道中心线为基准找正气缸的中心线，其同轴度的偏差应符合表2-2的规定，其倾斜方向应与十字头滑道方向一致，如超过时，应使气缸做水平或径向位移、或刮研接筒与气缸止口处连接平面进行调整，不得采用加偏垫或施加外力的办法来强制调整。

表 2-2　气缸中心线与十字头滑道中心线的同轴度的偏差　　　单位：mm

气缸直径	径向位移	轴向倾斜
<100	<0.05	<0.02
100~300	<0.07	<0.02
300~500	<0.10	<0.04
500~1000	<0.15	<0.06
>1000	<0.2	<0.08

9) 当采用校水平找正法时，应在气缸镜面上用水平仪进行测量，其水平度偏差不得超过 0.05mm/m，其倾斜方向应与十字头滑道倾斜方向一致，并应测量活塞体与气缸镜面的径向间隙，其间隙应均匀分布，其偏差值不应大于平均间隙的 1/8~1/6。

10) 无论采用何种找正方法，均必须保证活塞杆径向水平、垂直跳动值符合"产品使用说明书"中的规定值，并以活塞杆跳动值作为找正验收依据。

2.2.6　活塞的安装

1) 制造厂出厂时，活塞体与活塞杆已按规定进行连接紧固成一体，用户在现场安装时，不需要解体和重新组装。

2) 如需要解体重装时，其连接紧固方式应采用杆加热紧固法，其紧固方法按下述步骤进行：

① 旋动活塞螺母使其与活塞体接触后用扳手带紧，应重复旋紧动作不少于 2 次，已确认螺母与活塞体全部接触贴实，此时应在活塞体初始刻线对齐的螺母位置上进行标记。

② 将随机提供的电加热棒插入活塞杆端中心长孔中，通电加热当活塞杆受热伸长后，旋动活塞螺母，使螺母上标记位置旋至与活塞体上的终结刻线对齐。

③ 停止加热，待活塞杆温度降至室温后，取出电加热棒并将螺母翻边扣于活塞体上，紧固完成。

3) 安装活塞环时，应保证活塞环在环槽能自由转动，压紧活塞环时，环应能全部沉入槽内，相邻活塞环的开口位置应互相错开。活塞环轴向间隙见"产品说明书"中的规定。

4) 安装 120°片式支承环时，在活塞装入气缸时，应使支承环处于活塞正下方位置。

5）支承环为整圈无开口过盈安装结构的其安装方法应按随机图样中的规定进行。

6）活塞在推入气缸前，应在活塞杆尾部套入保护套，以避免安装时刮伤填料密封环。

7）活塞杆与十字头采用液压连接，其安装紧固程序如下。

① 安装调整步骤

a.（参见"产品使用说明书"中图例）将压力体、密封圈、压力活塞、锁紧螺母组装后装入活塞杆尾部与活塞杆台肩靠紧，并将锁紧螺母退至与压力活塞平齐位置。

b. 将调整环旋入定位环上，使其径向孔对准定位环上任一螺孔，并拧入螺钉装于活塞杆尾部。

c. 将止推环（两半）装在活塞杆尾部外端，用弹簧（或卡箍）箍住。

d. 盘车使十字头移动，将活塞杆尾部引入十字头颈部内，用扳手拧动调节环，使定位螺母旋入十字头螺纹孔内，直至调节环与十字头颈部端面接触，然后将锁紧螺母旋紧至十字头颈部端面。连接过程中应防止活塞转动。

e. 盘动压缩机，分别用压铅法测量前后止点间隙，其数值应符合"产品使用说明书"中的规定。

f. 当前后止点间隙偏差较大时，应重新进行调整，旋松锁紧螺母，旋出定位螺圈，拆卸定位螺圈上螺丝钉，按需要的调整方向调整调节环使其开口对准另一螺孔重新拧入螺钉，再次将定位螺圈及锁紧螺母旋紧，并测量活塞上点间隙，可重复调整直至止点间隙符合规定。

g. 活塞前后止点间隙合格后，应退出锁紧螺母，将定位螺圈上螺钉拆卸涂上厌氧化胶后拧入，最后旋紧锁紧螺母。

② 液压紧固步骤

a. 将随机出厂提供的手动超高压油泵的软管与压力体上 G1/4 接口相连。

b. 掀动油泵手柄，使油泵压力升至 150MPa（不得超过此压力值），在油压作用下环形活塞和压力体分别压向定位螺圈和活塞杆肩部，迫使活塞杆尾部发生弹性伸长变形，此时锁紧螺母与十字头颈部分开，再次用棒扳手旋紧锁紧螺母，紧固时可用小锤轻轻敲击棒扳手，以保证缩紧螺母与十字头颈部端面接触贴实，然后卸压，即完成第一次液压紧固。

c. 第一次液压紧固完成后，活塞杆尾部应在初始伸长状态下保持1h，再进行第二次液压紧固，仍以150MPa压力与第一次相同方法进行。

d. 第二次液压紧固完成后，活塞杆在继续伸长状态下保持1h后，再进行第三次液压紧固，仍以150MPa压力与第一次相同方法进行。卸压后即完成液压连接紧固工作，全部完毕后可投入使用。

8）压缩机检修时需拆卸活塞杆，亦需用超高压油泵，施以150MPa压力，用棒扳手将锁紧螺母松开，一次即可。

9）液压连接紧固和拆卸时，其油泵操作压力不得大于150MPa。

2.2.7　刮油器及气阀的安装

1）刮油器安装时注意刃口方向不得装反，当采用单向刮油环时，其刃口应朝向机身方向。

2）刮油环组与刮油盒端面轴向间隙应符合"产品使用说明书"中的规定。

3）安装网状阀时需复检阀片、缓冲片、升程垫的相互位置，应与随机出厂资料中气阀图中的安装示意图位置相一致，如不符合应进行调整。

4）带有压叉的气阀，应保证压叉活动灵活，无卡滞现象，并能使阀片全部压下。

5）同一气阀的弹簧高自由高度应相等，弹簧在弹簧孔中应无卡住和歪斜现象。

6）气阀连接螺栓安装时应拧紧，严禁松动。

7）组成完成的气阀组件应用煤油做气密性试验，环状阀在5min内允许有不连续滴状渗漏，允许渗漏滴数见表2-3，网状阀在5min内允许连续滴状渗漏，但不得形成线状流淌式渗漏。

8）气阀装入气缸时应注意吸、排气阀在气缸中的正确位置，不得装反。

表 2-3　环状阀进行气密性试验允许渗漏滴数

气阀阀片圈数	1	2	3	4	5	6
允许渗漏滴数	<10	<28	<40	<64	<94	<130

2.2.8 压缩机附属设备与管道的安装

压缩机主体设备安装完毕后，应该进行压缩机附属设备和连接管道的安装，有关驱动电机的安装属于电工和机工范畴，不在本书讨论范畴，由于往复式压缩机结构特性，其驱动方式只能使用电机而不能使用透平机驱动。

压缩机的附属设备主要包括：轴承、十字头滑道等润滑系统的供油泵，级间冷凝器（换热器）、气液分离器以及级后缓冲罐（稳压罐）等。各级润滑系统则采用柱塞式注油器供油。级间冷却器（换热器）应按照压力不同选用不同类型的换热器；低压采用管壳式换热器；高压则采用套管式或蛇管式换热器。对于多级压缩过程应根据压力不同选用不同类型管壳式换热器。将供油系统、冷却系统与压缩机主体连接起来需要用管道。供油泵的安装按泵的安装要求安装；冷却系统按换热器的安装要求安装；连接管道安装应符合下列几点要求：

① 符合整齐、美观的要求，管与管之间要按照管道工程的要求留有一定的空隙，以便于操作、维护保养、安装和检修。

② 水平管道的安装应有低向油箱的坡度。

③ 碳素钢管道安装后应进行酸洗钝化处理，处理后应及时干燥喷油以防腐蚀，而铜管道安装后清洗干净可直接输油。

④ 避免连接管道对压缩机本体产生额外的应力，应使用适当的管架支撑和固定管道。

2.3 往复式压缩机试运转

往复式压缩机组共有三大系统，即动力系统、冷却系统和润滑系统。在压缩机动力系统正式投入运行之前，必须对供油系统、冷却水系统进行试运转，试运转合格后才能对压缩机相继进行无负荷试运转和有负荷试运转，只有经过有负荷试运转合格后才能交付使用，在使用过程中也要进行日常维护与管理。下面分别进行介绍。

2.3.1 试运行之前的准备工作

① 压缩机主体、驱动机（电机）、润滑系统、冷却系统安装完毕后要进行认真的检查和验收。

② 水、电、汽（气）工程均符合要求。电器设备均可正常运转，

仪表联锁装置调试完毕，动作准确无误。

③ 操作现场清理干净，道路畅通，各项准备工作全部到位。

④ 先通水试运行。在水系统试运行前先对水系统管路逐级清洗干净，包括管道、阀门、管件等，经检查合格后方可与机组连接进行水系统试运行。水系统试运行应保证无泄漏，回水清洁无污物，气缸与填料函不得有水渗入。

⑤ 循环油箱必须清洗干净，油箱蒸汽加热管应无泄漏现象，此处可通过水压或气密性试验检查。

2.3.2 润滑系统的试运行

（1）油路的冲洗

1）向油箱中注油，油的质量必须符合压缩机用油的质量标准；当环境温度过低时，必须将润滑油加热到 35～40℃之间，无论何种情况油温不超过 45℃时不要停止加热。

2）拆开轴瓦和机身滑道供油管接头，临时用短管接至机身曲轴箱，以防止油污进入运动机构。

3）抽出过滤器芯，依次换上 80～120 目（筛孔直径 188～130μm）的金属过滤网进行冲洗；冲洗过程中要及时切换滤网，清洗干净后备用。

4）打开油路阀门，用手盘动齿轮泵，应转动灵活，无卡涩现象。启动供油泵，检查供油泵的振动、发热、噪声等情况。

5）连续运转 4h 后，检查滤网，其合格的标准是：目测滤网不得有硬质颗粒，软质污物每平方厘米范围内不得多于 3 粒。

（2）油系统的试运行

1）将轴瓦和机身滑道供油管复位，重新启动油泵继续冲洗，检查各供油点供油量是否充足。

2）检查油过滤器的工作状况，当过滤器前后压差超过 0.02MPa时，必须继续冲洗直至合格。

3）调试油系统联锁装置，要求动作准确可靠。启动盘车器，检查各注油点的油量、油压等。

4）当油系统调试合格后，应将油箱中的油放净，并冲洗油箱、油泵、过滤器和滤网等，同时注入符合要求的新油，以备机组运行使用。

（3）气缸及填料函注油系统的试运行

1）拆开气缸及填料函各供油点油管接头，用压缩空气吹净各油管内的污物。

2）加入合格的气缸油，用手柄盘动注油器，检查注油器转动是否灵活；从滴油检视镜中观察各注油点，滴油是否正常；检查各供油管的接头处的出油量和油的清洁度是否满足要求。

3）启动注油器并运转 2h，检查声响、温度变化、振动等情况，调节柱塞的行程以满足各注油点的供油量的要求。

4）当注油器试运转合格后，接上供油管接头，再启动注油器，检查各接头的严密性，同时就进行压缩机的盘车，运行不得少于 5min。

只有当压缩机的润滑系统试运行合格后才能进行压缩机的主体机组的试运行，以保证压缩机在正常运行过程中的润滑系统良好。

2.3.3 往复式压缩机的无负荷试运转

压缩机整体安装工作完成后，并且油路系统和水路系统也经调试完全符合要求，首先进行压缩机的无负荷试运转。无负荷试运转的目的是检查各运动部件转动和往复运动是否灵活，是否达到"跑合"的要求，使活塞杆和填料箱内密封环达到严密的"研合"；检查润滑系统和冷却系统符合运行要求，排除压缩机运行中所产生的故障，为压缩机平稳、安全、可靠的运行创造条件。

（1）无负荷试运转前的准备工作

1）检查电机运转时的转向、电压、电流、温度等均符合要求，如转向相反，可任意调换三相电中的两相即可。

2）卸下压缩机各级的吸、排气阀及吸入管道，用压铅丝法复测各级气缸的余隙，并应符合前述的要求。在卸下吸、排气阀时应装上 10目（筛孔直径 $1500\mu m$）的金属滤网，以防杂质或粉尘的吸入。

3）启动注油器，检查各注油点的供油量是否符合要求。

4）检查电动机、压缩机各连接件及锁紧装置是否紧固，盘车复测十字头在滑道前后的位置和滑板与滑道的间隙值是否符合要求。

5）在气缸摆动或滚动支承的接触面上，注入黏度较大的润滑油。

6）启动盘车器，检查各运动部件是否有异常现象，盘车手柄在停车时应处于开车位置，即推进飞轮的手柄凹槽中并闭死。

（2）无负荷试运转

1）无负荷试车前，应拆下压缩机各级吸、排气阀，将各级气缸清理干净。

2）开启冷却水系统全部阀门，进水压力应符合规定要求，按水泵操作规程操作。

3）启动循环油系统稀油装置上的辅助油泵，调整压力达到规定要求。

4）启动注油器，检查各注油点滴油情况（无油润滑时，无此项要求）。

5）手动或电动将压缩机盘车2～3转，如无异常应按电气操作规程进行电动机启动前的准备。

6）瞬间启动电动机，检查压缩机曲轴转向是否正确，停机后检查压缩机各部位情况，如无异常现象后，可进行第二次启动。

7）第二次启动后运转5min，应检查各部位有无过热、振动异常等现象，发现问题停机后应查明原因，及时排除。

8）第三次启动后进行压缩机无负荷、跑合性运转，使压缩机运转密封面达到严密贴合及运动机构摩擦达到更好配合，无负荷运转时间为4～6h。

9）无负荷试运转时应检查下列项目：

a. 运转中应无异常声响和振动。

b. 润滑油系统工作是否正常，润滑油供油压力、温度应符合"使用说明书"中的规定。

c. 冷却水系统工作是否正常，供水压力、温度应符合"使用说明书"中的规定。

d. 主轴承、电机轴承温度不超过60℃，填料法兰处活塞杆温度不超过80℃。

e. 电动机温升、电流不应超过电机铭牌上的规定，电气、仪表设备应工作正常。

（3）停车

1）按电器操作规程先停电动机，后停冷风机。

2）待主轴停转后，应立即盘车，然后停止注油器注油，停止盘车约5min后，再停止油泵供油，以保证润滑部位的冷却。

3）关闭冷却系统，排净积水。

4）整理无负荷试运转的记录。

2.3.4　压缩机附属设备及管道的空气吹扫

压缩机的附属设备及管道的空气吹扫是压缩机有负荷运转之前必须进行的操作。吹扫所用的气源是外来的压缩空气，要求气量充足、压力稳定。吹扫的目的是将附属设备及管道内的杂物及污物吹扫干净，以防杂物带入缸内损坏气阀和气缸镜面。对于多级压缩机应分开吹扫，中间设备应单独吹扫。经过一段时间吹扫应该用白湿纱布进行检查，无污物方为合格。

2.3.5　压缩机有负荷试运转

往复式压缩机经无负荷试运转和管道及设备吹扫干净后必须进行有负荷试运转。有负荷试运转的目的是在操作条件下，进一步检查压缩机的运转情况和密封情况。通过有负荷试运转进一步了解压缩机可能存在的缺陷，及时排除可能发生的事故隐患，为压缩机投入正式使用创造条件。

（1）压缩机有负荷试运转的前提条件

1）压缩机有负荷试运转前必须经过无负荷试运转和管道及设备的吹扫工作，而且所有的仪表、阀门已经按要求复位，特别是安全阀必须经过调试准确可靠，并加铅封后方能投入使用。

2）有负荷试运转所用的气源对于新建厂可以用空气代替，对于老厂可以用合格的工艺气体试运转。

注意：安全阀为非操作阀，一经调试完毕铅封后，绝不允许有任何动作。安全阀需要定期校验。

（2）有负荷试运转开车步骤

1）开启冷却水系统，按冷却水系统开车步骤进行。

2）开启润滑油系统，按润滑油系统开车步骤进行。

3）开启管道上所有阀门。

4）启动盘车器，停止盘车时手柄应处于开车位置。

5）先启动冷风机，再启动电动机，待压缩机空转 20min 后，每隔 3～5min 增压至规定的压力。

6）每次加载时应缓慢升压，待压力稳定 15～30min。后再加载。

7）有负荷试运转时间不得少于 48h。

8）有负荷试运转中应检查的项目：

a. 各级进、排气压力、温度；

b. 冷却水进水压力、温度、各回水管温度；

c. 润滑油供油压力、温度；

d. 机身主轴承温度宜为60℃，其最高温度不得超过75℃；

e. 填料函法兰外活塞杆摩擦表面温度不得超过100℃；

f. 运转中有无撞击声、杂音或振动异常现象；

g. 各连接法兰、油封、气缸盖、阀孔盖和水套等不得渗漏；

h. 进、排气阀工作正常；

i. 各排气缓冲器、冷却器、分离器的排油水情况；

j. 电动机电流变化和温升情况；

k. 各级仪表及自动监控装置的灵敏度及动作准确可靠性。

9) 上述检查项目中的 a、b、c 三项的指标应符合产品使用说明书中的规定，j、k 项中监控装置的发信警报及联锁动作值应符合"产品控制测量仪表一览表"中的规定。

10) 有负荷试运转中每隔 30min 做一次试运转情况记录。

（3）有负荷试运转停车步骤

1) 对于多级压缩机应从末级开始，通过开启卸载阀及排油、排水阀逐渐降低各级压力。

2) 按电器操作规程停止电动机和冷风机。

3) 主轴停转后，应立即进行盘车。停止盘车时应停止注油器供油，停止盘车 5min 后停止注油泵。

4) 关闭供水阀，排净机器内及设备和管道内的积水。

5) 有负荷试运转后应注意下列两点：

a. 观察主轴瓦、连杆的大小头轴瓦的磨合程度；

b. 吸排气阀门及气缸镜面有无损伤；

6) 检查后应再进行 4～8h 带负荷运转。停机后，应清洗润滑油，更换新油。

7) 整理有负荷运转的记录，技术负责人签署压缩机单机试运转合格证。

（4）工艺性投料运转试验

1) 压缩机应在有负荷试运转试验合格后，方可投入工艺流程进行工艺性投料运转试验。

2）当有负荷试运转压缩介质为空气，而工艺流程介质为易燃易爆气体时，在工艺性投料运转前用低压氮气将压缩机全部系统中空气进行吹除置换，以消除混合气体爆炸的隐患。

3）工艺性投料运转开机程序及要求与有负荷试运转中开车程序要求相同。

4）工艺性投料运转由无负荷升至额定工况下的压力过程应采取2～3段进行，每升至一段压力后，应稳定运转 15～30min，再继续升压，最终达到额定压力。

5）工艺性投料运转额定工况下的压力、温度应符合产品使用说明书中技术规范的规定。

6）工艺性投料运转试验中的检查项目：

a. 压缩机组与管路系统的振动情况。

b. 每间隔 1h 排放分离器中的油水，观察排放量以便确定正常运转时冷凝液的合理排放间隔时间。

7）工艺性投料运转中每隔 1h，应做一次运转情况记录。

2.4　压缩机日常维护与管理

压缩机经有负荷试运转、工艺性投料运转后即可投入生产系统的正常操作，正常操作包括正常启动、日常维护和正常与非正常停车等。

2.4.1　正常启动

1）检查（同有负荷试运转）。

2）打开各级旁通阀及冷凝液的排放阀，对于末级没有旁通阀的机器，必须打开其截止阀。

3）打开各级冷却水的上水阀，调节其流量至适当值。

4）启动注油泵观察注油压力和注油器滴油情况。

5）启动盘车器盘动压缩机，当压缩机运转自如时，停止盘车器并使盘车手柄处于开车的位置，或卸去盘车机构。

6）打开压缩机吸入管线中的截止阀，使压缩介质进入一级进气阀前。

7）启动电机。

8）逐级关闭旁通阀及冷凝液排放阀，逐次提高压力。在关闭末级旁通阀的同时必须打开排气管线中的截止阀，使高压气体进入工作设备。

9）观察润滑油压、油温和被压缩介质的压力和温度。

10）调节冷却水的用量保证冷却效果。

11）检查压缩机是否有异常响声。

12）观察压缩机的振动情况。

13）启动压缩机的初始阶段必须经常打开机后冷凝液的排放阀，检查冷凝液的产生情况。

14）严格当班记录情况。

2.4.2 日常维护

1）注意观察各种指示仪表（如各级压力表、油压表、温度计、油温表等）和润滑情况及冷却水的冷却情况。

2）勤听机器运转的声音，用听棍听一听压缩机各运动部件的声音是否正常。

3）勤摸各部位，观察压缩机的温度变化和振动情况，例如冷却后排水温度、油温、运转中机件温度和振动情况等，从而及早发现不正常的温升和机件的紧固情况。但用手触摸运转设备时一定要注意安全。

4）经常检查整个机器设备的工作情况是否正常，发现问题要及时记录、报告、处理。

5）要及时注意机房的安全卫生保养工作，严格做好交接班工作。

2.4.3 维护保养规程

压缩机是中、高压设备，而且是运转设备，危险性较大，为了使压缩机处于良好的运转状态，延长压缩机的使用寿命，必须对压缩机进行维护保养。通过维护保养，能全面掌握压缩机运转情况，及时发现问题，排除故障，改善压缩机的工作条件，即使在出现故障的情况下也能及时地发现并采取相关的措施。压缩机的保养分为三级保养。

（1）一级保养

一级保养也是日常性的维护工作，即在班前、班后和当班时间内进行的。目的是保障机器的正常运转和工作现场的文明整洁。

1）每天或每班应向压缩机各加油一次。有特殊要求的，如电动机轴承的润滑，按说明书规定加油。

2）要按操作规程使用机器，勤检查、勤调整，及时处理故障并记录入运行日记。

3）工作时，要保持机器和地面清洁。交接班时应保持干净。

4）冬天当室温低于零下5℃时，停车后应放掉冷却水。

（2）二级保养

保持设备内清洁，设备能可靠地工作，经常清洗过滤器，排除设备缺陷，消除设备隐患。二级保养必须在压缩机停机后进行。

1）每运转800h清洗气阀一次，清除阀座、阀盖积炭，清洗润滑油的过滤器、过滤网，对运动机构或部件作一次检查。

2）每1200h清洗滤清器一次。对于在灰尘较多的场所工作的压缩机更应该经常清洗滤清器，以减少气缸的磨损。

3）每2000h将机油过滤一次，除去金属屑或灰尘杂质，如果油不干净，应换机油，轴瓦应刮调一次，对整个机器的间隙进行一次全面的检查。

（3）三级保养

三级保养的目的是提高机器设备的中修间隔期内的完好率。每台机器必须根据使用说明书的规定订出零部件的使用寿命和检查调整标准。易损零件是一次使用的，如阀片、阀簧、活塞环等，到了使用寿命期限必须更换。能调整维护的零件如轴瓦、十字头滑板、曲轴、十字头、连杆、活塞杆等经过维护可以重新使用。有的零碎部件虽经维护后可以重新使用，但其使用寿命比新的要大大缩短。

2.4.4　正常停车

压缩机要有计划的停车，譬如机组轮换、计划内检修、正常停电等。这种停车是操作人员有准备、按步骤的停车。

1）接到停车指令后应从末级开启旁通阀（或卸载阀）逐级将压力缓慢下降，不得突然卸压，以防冲击负荷，造成意外事故的发生。

2）当压力全部卸去后，停止电机工作。

3）打开所有分离器排液阀，排净冷凝液。

4）停止油泵工作。

5）待压缩机停转10min左右后，停止机用冷却水；若环境温度过低（≤5℃）时应将机壳内的冷却水全部放净。

6）若是短时间内停车，不需要其他操作就可以清理压缩机的外部；

若要停车检修有时还需要用氮气置换操作。

2.4.5　非正常停车

如遇意外事故或突然停电，操作人员事先没有准备的停车称为非正常停车。

1）当操作人员发觉到有意外事故将要发生或已经发生，应立即切断主电动机电源。

2）立即关闭末级排气阀以防高压气体倒流。

3）打开高压级启动调节阀。

4）打开各级旁通阀和排泄阀。

5）停止润滑油系统的工作。

6）当压力降到一级吸入口压力时，应立即切断一级吸入阀。

7）停止冷却水泵。

如果遇到长时间停车，如果情况允许可让压缩机在无负荷情况下运转 10min 以上以便让压缩机内表面都覆盖一层油膜以防止腐蚀压缩机。每隔 15～20 天让压缩机空转一些时间，润滑部分也同时运转以使摩擦部分得到保护的油膜。

2.5　往复式压缩机操作规程(初步)

根据以上所述，可以初步制定往复式压缩机操作规程，不同型号的压缩机和不同的压缩机使用环境其操作规程是有所不同的。如1.6所介绍的那样，一旦压缩机初步操作规程经补充完善形成正式的操作规程后，任何人不得违章指挥、违章操作，牢固树立安全生产的理念，违章可耻，违章必纠，违章就是违法，违章就是犯罪。往复式压缩机初步操作规程如下。

2.5.1　开车前的准备工作

开车前的检查和准备如下。

1）新安装或大修后的机组须经试运转合格。

2）检查压缩机的安装情况。检查气缸内吸、排气阀安装是否良好；检查曲柄箱内安装和连接情况及十字头导承、活塞杆填料等安装是否正确、良好、清洁；确认机组的地脚螺栓、联轴器的螺栓是否紧固；检查气路、润滑油及冷却水系统是否完全连接；流量视镜、油过滤器等部件安装是否安全可靠。

3）检测主电机绝缘电阻是否合格。

4）向油箱内注入润滑油至规定液位，向油箱内加热保持油温在35～40℃之间，在不超过45℃时可以一直加热。

5）检查冷却水系统是否畅通，压力表、温度计是否完好，向气缸夹套、油冷器供水。

6）检查填料润滑系统是否正常，冷却过滤器压差是否正常。

7）检查仪表气压力是否达到规定的范围，向卸荷器引入仪表气。

8）打开放净阀放净各缓冲罐内的油水，放净后关闭。

9）检查油泵各部件的安装是否良好，手动盘车检查转子转动是否平滑，有无卡涩现象。

10）点动油泵，检查旋转方向是否与电机转向一致。

11）大修后的机组应做好如下工作：

a. 油箱，过滤器，冷却器均清洗干净。

b. 油箱内加入规定油位的润滑油。

c. 进行油冲洗，清除机内所有杂物，检查油路的密封性。

d. 当过滤器压差＞0.1MPa时，清洗过滤器。

e. 油冲洗后，根据油质情况，决定是否更换润滑油。

12）润滑油系统经调试正常。

13）电动（或手动）盘车正常。

14）将卸荷手柄打至"0"位置。

15）打开放空阀。

16）打开废气收集器放空阀。

17）机组氮气置换合格。

18）打开各级安全阀的前、后截止阀。

19）对机、电、仪做最后确认。

20）各相关部门到场，做好开车准备。

2.5.2　润滑油系统及冷却水系统的试车

（1）试车前的准备工作

1）压缩机的安装、对中和调整工作已结束，有关安装记录已整理完善，并经检查合格。

2）所有附属设备、工艺管线、仪表、电气、安全防护等工作已完成，各联锁装置调整完毕，动作无误。

3）检查压缩机油池的油标指示已装满润滑油。

4）核准压缩机各级气缸的止点间隙。

（2）润滑油系统的试车

1）润滑油系统应首先试车，以保证压缩机正常试车。

2）向油箱内加入润滑油至规定液位的90%。

3）向润滑油箱内加热保持油温在35～40℃。

4）打开泵的进、出口阀、旁通阀，及压力表阀。

5）手动盘车，确认油泵转动平滑。

6）点动泵，确认其旋转方向。

7）启动辅助油泵，调节旁通阀，使系统压力缓慢上升至规定的压力以上。并观察泵的噪声、振动和温度情况，注意油池油位，及时补充润滑油。

8）检查各供油点，调整供油量和回油管的流动情况以及系统各连接处的密封性，如有缺陷应马上排除。

9）回油温度过高时，应打开冷却水，保持油温不超过45℃。

10）将辅助油泵开关打至"自动"位置，将压力调节至高于某一规定压力时，检查辅助油泵是否自动停泵。

11）调节压力至低于某一规定压力时，检查辅助油泵是否自启动。

12）继续调低压力至低于＿＿＿MPa或＿＿＿MPa或＿＿＿MPa检查主机联锁系统是否动作。

13）油泵试车正常后，润滑油系统应做不少于4h的连续运转，并进行下列检查：

a. 检查润滑油系统的清洁度。

b. 检查润滑油系各连接处是否泄漏。

c. 检查过滤器的工作情况，如有异常，应查明原因，并进行切换和清洗。

d. 检查油泵的运转声音、振动、油压、油温等是否正常。

e. 润滑油系统运转检查合格后，停泵。

14）清除试车中发现的缺陷，使润滑油系统具备压缩机正式试车的条件。

（3）冷却水系统的检查和试验

1）检查冷却水系统的管线、管件、阀门、低点排放等已按要求安装并畅通无泄漏，压力表、温度计已安装完毕。

2）检查冷却水总管的压力、流量应符合要求。

（4）电动盘车

1）启动主油泵，调节压力至规定值。

2）注油器油箱内加注 $\frac{1}{2} \sim \frac{2}{3}$ 的润滑油。

3）打开旁通阀及放空阀，其他阀处于关闭状态。

4）移动活动齿轮，将盘车手柄扳至盘车位置。

5）启动注油器。

6）启动盘车器开始盘车。

7）检查盘车器与主轴传动情况，如无故障则停盘车器，如盘不动，则检修后重新盘车。

2.5.3　试运转

（1）压缩机的空载运行和检查

1）试运前应检查压缩机各部分情况正常，润滑油系统试车正常，压缩机盘车正常。

2）检查压缩机系统的各级进气管，拆下吸、排气阀。

3）接通冷却水。

4）启动油泵，使润滑油向系统各润滑点充分供油，并确认压力达到规定值。

5）检查各指示仪表，打开压力表阀，温度计就位。

6）点动主电机，确认电机旋转方向。

7）启动主电机，运行时间见表2-4。

表2-4　压缩机运行时间及检查内容

序次	运行时间	检　查　内　容
1	30s	各部件有无碰撞及故障
2	3min	压缩机运行声音、振动和发热情况
3	10min	运行声音、振动和发热情况，停车后检查拉杆与活接头有无松动现象
4	30min	运行声音、振动情况、各轴承温度，停车后校正死点间隙，检查各接触点松动情况，检查润滑油系统
5	1h	运行声音、振动情况、各轴承温度，停车后校正死点间隙，检查各接触点松动情况，检查润滑油系统
6	4h	运行声音、振动情况、各轴承温度，停车后校正死点间隙，检查各接触点松动情况，检查润滑油系统

8）试车过程中，润滑油压应不低于 _____ MPa 或 _____ MPa 或 _____ MPa，油温应不高于 45℃。

9）停车：

a. 满足试车时间，即可以停车。

b. 停车后，油压降至≤0.15MPa。

c. 停车后，盘车二圈。

d. 逐渐关小冷却水，并将夹套内的水放净，打开排气阀。

10）每次停车时，应对压缩机停止时间做记录，随运转时间的长短，停止时间也有差异。停止时间过短则应检查原因，采取相应的措施。每次开机时间间隔原则上应在 30min 以上，但可根据实际情况缩短或延长。

11）试车结束后，应检查各部件温升，摩擦部位温升第一次停车时不得大于 50℃，工作 1h 后不大于 60℃。

（2）压缩机的管线吹洗

1）压缩机空载试车完成后，进行气路吹扫。其目的是利用压缩机排出的空气将压缩机系统的灰尘和污物吹掉，压缩空气无法吹到的地方应用其他方法清洗。

2）从压缩机的进口阀至气缸入口之间的管线及进气过滤器、进气缓冲器等用机械方法彻底清除干净，同时清除气缸阀腔内脏物。

3）将空载运转时拆下的吸、排气阀重新按规定就位组装后，关闭各旁通管线的阀门，接通相应的排气缓冲器及排气管线，使各级排气管通大气，将进气缓冲器的进口通大气。

4）关闭各仪表阀，关闭安全阀的前后隔离阀，打开安全阀的旁通阀，打开排污阀、放空阀。

5）启动压缩机，利用排出的压缩空气对压缩机系统进行吹扫。

6）吹扫压力根据具体情况逐步由 0.1MPa 升至 0.2MPa，吹扫时，在出口处放置湿白纱布以检查脏物，直至吹净为止。

7）逐级接通进气管逐级吹扫，在吹扫过程中可用木槌敲击管线和容器的外壁，以加快吹扫速度。

8）吹扫结束后，应检查吸、排气阀和气缸内有无异物，重新清洗进气过滤器和吸、排气阀，并恢复各仪表的全开启状态，打开安全阀的前后隔离阀，关闭旁通阀。

（3）压缩机的负荷试运转和检查

1）压缩机已具备负荷试运转的条件，进出口管线已经过酸洗或吹扫，并确认吸入气体中没有尘埃和杂质。

2）打开压缩机气体管线的进、出口阀。

3）打开润滑油、冷却水系统的所有阀门，包括各压力表阀和放空阀。

4）检查安全阀，各仪表和联锁装置是否处于正常位置。

5）启动油泵进行润滑，使油压达到正常值，检查各润滑点的润滑情况。

6）打开冷却水，检查其压力、流量。

7）盘车，检查主机转动情况。

8）启动压缩机空载运转 20min，检查压缩机的运行情况；然后逐步加压至全负荷运转。

9）每次升压稳定后，均需运转 1h 以上，观察压缩机的运转情况，当压力达到最终压力值时，机组连续运行应不少于 8h。

10）负荷试运转的检查：

a. 检查各冷却器及气缸水夹套的冷却水温度。

b. 检查仪表和联锁装置的灵敏度。

c. 检查润滑油的供油情况和填料函的密封情况。

d. 检查压缩机的运行声音和振动情况。

e. 检查缓冲器及分油器的排油、排水情况。

f. 检查管线有无振动和摩擦现象。

g. 检查机组各部件的温升情况。

h. 压缩机的进、排气压力以及温度和流量。

i. 电机的电流、电压及轴承温升。

j. 在运转中每隔 30min 记录一次，并将运转中发现的问题及时记录和处理。

11）升压至额定值后，对安全阀进行调试，要求安全阀开启灵敏。

（4）负荷试运转的停车

1）停车应从末级压力开始依次用卸荷器逐渐降低压力。

2）打开旁路阀，关闭出口阀。

3）停电机。

4）机组完全停止 0.5h 后，停润滑油系统，将系统油压降至 ≤0.15MPa，停冷却水。

5）在运转中发生有损于人身、设备或工艺系统的故障时应紧急停车，停车后做卸荷处理。

（5）试运转后的检查

1）检查各部位螺栓的紧固情况。

2）检查电机情况。

3）检查传动件的情况。

4）检查和清洗各气阀，并观察气缸内部情况。

5）检查气缸、活塞组件有否异常。

6）检查润滑油系统，必要时更换新油。

7）对负荷试车中出现的异常现象，查明原因并进行处理。

（6）开车前的气体置换

1）稍开 N_2 入口阀，慢慢引入机体，当达到系统入口压力后，关闭入口阀。

2）用肥皂水检查压缩机及管线是否泄漏，如有泄漏，则需泄放压力，重新紧固后，再充 N_2 检查。

3）打开出口放空阀，将气体放尽。

4）重复上述步骤，直至氧含量符合要求（0.5% 以下）。

5）氧含量合格后进行氢气置换，其操作同氮气置换，直至气体含量符合工艺要求。

2.5.4 正常操作

（1）压缩机的开车

1）启动注油器和油泵，使润滑油压达到正常值，检查各润滑点的情况。

2）开冷却水，检查其流动情况。

3）稍开系统入口阀，缓慢充气，使入口压力平衡，然后全开入口阀。

4）全开出口阀。

5）启动压缩机空转至少 20min，逐步加压。

6）检查各部件的温度及声音、振动是否正常。

7）在稳定加压后，连续运转 1h，确认无异常现象，投入全负荷运行。

（2）压缩机的正常停车

必须经过批准方可按计划停车，否则不准停止压缩机运转。若要停机按下列步骤进行。

1）与有关工段联系，通知压缩机停车。

2）将负荷手柄调至"0"位置，压缩机卸荷。

3）打开末端排气系统的旁通阀卸载。

4）停主电机。

5）关闭进、出口阀。

6）打开旁路阀、放空阀。

7）停注油器。

8）停主机后，机组充分冷却后，停油泵，停冷却水。

9）关闭放空阀。

10）各部位排液。

11）如长时间停车，应关闭冷却水，如在冬季，应将机体夹套内和级间冷却器内的水排净。

（3）压缩机的紧急停车

1）当运行中有下列情况时，需紧急停车，停机时必须及时通知相关岗位做好应对准备。

a. 出现撞缸现象。

b. 出现联接件松动，金属破裂声音等异常现象。

c. 润滑油压低于 0.15MPa，而联锁没有动作，或润滑油路泄漏严重，供油中断。

d. 电机温度过高或电流超过额定值。

e. 轴承温度过高。

f. 管线严重泄漏。

g. 其他紧急事故。

2）紧急停车步骤如下。

a. 停主电机。

b. 将负荷手柄调至"0"位置。

c. 关闭进出口阀，打开旁路阀。

d. 打开放空阀。

（4）停车后的注意事项

1）压缩机在寒冷条件下停机，应排净全部积水。

2）长期停车，应清理检查各部件，并涂上防锈油。

3）在停车期间，对易损件和损坏部件进行检查修理。

4）停车备用时，润滑油温度应保持在30℃以上。

（5）压缩机的切换

任何大型压缩机组，为了保证生产正常进行都有至少一台备用压缩机。当在用压缩机运行一定时间后需要停机进行维护保养，或者在用压缩机因为故障等原因不能继续运转都要切换备用压缩机运行时，切换备用机按下述步骤进行。

1）按正常开车步骤启动备用机。

2）备机正常后，在保持压力、流量不变的情况下，调节待停机与备机的负荷手柄，直至备机投入正常运行。

3）备机正常运转后，停待停机。

（6）压缩机气量调节

1）压缩机的气量调节方法采用顶开吸气阀调节。

2）卸荷器动作，可使排气量为100%、50%、0%三级调节。

2.5.5 日常维护

1）每小时检查一次压缩机的运转情况，检查润滑油温、油压、冷却水压力、流量和回水温度、轴承温度。

2）每小时记录一次吸气压力和温度、排气压力和温度，并确保其符合工艺指标。

3）检查吸、排气阀盖有无过热现象。

4）保持润滑油槽有足够的润滑油。

5）定时检查油过滤器差压，并及时清洗或更换过滤网。

6）定时排放各级缓冲罐的冷凝液。

7）定时排放废气收集器的冷凝液。

8）定时检查各级进气过滤器前后压差，并及时清洗。

9）定期将主油泵切换到辅助油泵运行，确保辅助油泵正常备用。

10）定时给注油器油箱加油。

11）保持机组卫生，做好机组保养工作。

2.6　往复式压缩机故障原因及处理

往复式压缩机常见故障原因及处理措施见表 2-5。

表 2-5　往复式压缩机常见故障原因及处理措施

常见故障	故障原因	处理措施
1. 机身声音异常	1）主轴承,曲柄销轴承,连杆小头轴承磨损	更换轴瓦
	2）轴承紧固螺栓松动	重新紧固锁紧
	3）十字滑块磨损	更换调整垫片
2. 气缸内声音异常	1）活塞止点间隙过小	重新调整止点间隙
	2）活塞紧固螺栓松动	重新紧固锁紧
	3）活塞环轴向间隙过大	更换活塞环
	4）填料紧固螺母松动	重新拧紧螺母
	5）气阀紧固螺母松动	重新拧紧
	6）气阀制动固定螺钉松动	重新拧紧,必要时更换
	7）气阀阀片弹簧损坏	更换阀门或弹簧
	8）气缸内有液体	排尽液体
	9）气缸内有金属碎片或硬物	拆卸取出金属碎片或硬物,修复损坏处
	10）管内有水	检查有无漏水
3. 排气量不足	1）气阀损坏	修理或更换
	2）气阀装配不当	重新组装
	3）气阀结炭	清洗
	4）填料泄漏	检查或更换
	5）活塞环磨损	更换
	6）管路系统泄漏	检查泄漏原因并排除
	7）密封元件损坏	更换
	8）入口过滤器堵塞	清洗过滤器
	9）气缸缸套磨损间隙过大	更换缸套或涨圈
	10）工艺操作条件有变化	确认工艺操作条件或调整
4. 压力异常	1）下一级吸、排气阀失灵	检查修理或更换
	2）该级进气阀失灵	检查修理或更换
	3）填料密封不好,活塞环泄漏过大	检查并更换磨损过大的零件
	4）气量调节机构调整不当	重新调整
	5）压力表失灵	检查或更换压力表

常见故障	故障原因	处理措施
5. 气体温度异常	1)冷却水管堵塞,或壳程结垢冷却效果不好	清洗、除垢
	2)冷却水量不足	开大水阀,调节水量,或与水站联系
	3)冷却水进水温度高	增大水量或降低水温
	4)气阀损坏漏气	检修或更换
6. 气量调节机构异常动作	1)气阀损坏	检修或更换
	2)执行机构气源压力低	检查原因,增压
7. 油压降低	1)油量不足	补充润滑油
	2)油过滤器堵塞	清洗过滤器
	3)油溢流阀失灵	检修,更换元件
	4)油管路系统泄漏	检查原因,排除
	5)油泵性能下降,油量不足	检修
	6)各润滑点间隙过大	调整间隙
	7)油质变坏	应按规定更换润滑油
	8)压力表损坏	更换压力表
8. 轴承过热	1)轴瓦与轴面不均匀	检修
	2)轴承偏斜或曲轴弯曲	检修,调整
	3)润滑油供应不足或中断	检查润滑油系统
	4)润滑油质变坏	更换润滑油
9. 活塞杆过热	1)填料过紧	调整
	2)装配偏斜	重新装配
	3)润滑油不足或有杂质	更换润滑油
10. 活塞卡住	1)气缸夹套冷却水不足	适当增大冷却水
	2)曲轴-连杆机构偏移	调整机构同轴度
	3)活塞气缸套装配间隙过小或气缸内混入杂质	调整间隙,清理气缸
11. 油温过高	1)油泵性能下降	检修
	2)油泵安全阀泄漏	检修或更换
	3)油箱油量不足	加润滑油至规定的位置
	4)润滑油变质	更换润滑油
	5)油冷却器供水不足	检查上水阀或清洗冷却器
	6)轴承过度磨损	更换轴承
	7)油过滤器堵塞	清洗过滤器
	8)润滑油系统泄漏或堵塞	检查,修理

续表

常见故障	故障原因	处理措施
12.功率消耗超过设计规定	1)气阀阻力过大	检查气阀弹簧力是否恰当,气阀通道面积是否阻塞
	2)吸气压力过低	检查工艺管路是否阻塞
	3)气体内泄漏	检查吸排气压力是否正常,排气温度是否增高
	4)一级吸气压力过高	检查压缩机前的工艺系统

思　考　题

1. 目前往复式压缩机取得了哪些技术进步?

2. 往复式压缩机主要部件有哪些?

3. 压缩机进出气阀有哪些类型?

4. 往复式压缩机主要优缺点有哪些?

5. 什么叫做压缩机气缸余隙? 余隙的作用是什么? 余隙的大小说明了什么问题?

6. 绘出往复式压缩机工作过程中的 p-V 图,并说明图中每一条线的意义?

7. 利用式(2-1) 说明 p_2/p_1 越大,出口气体温度越高,所消耗的功率越大原因?

8. 往复式压缩机的单级、双级、多级主要区别是什么?

9. 压缩机气缸布局主要有哪几种形式?

10. 对压缩机的基础有哪些要求?

11. 对基础垫铁选用有哪些要求?

12. 如何找正、找平机身?

13. 如何进行二次灌浆?

14. 对压缩机附属管道与设备安装有何要求?

15. 压缩机运行前要做哪些准备工作?

16. 如何进行无负荷试运转?

17. 无负荷试运转时应监控哪些项目?

18. 无负荷试运转后如何停车?

19. 如何吹扫压缩机附属设备及管道？

20. 请写出往复式压缩机开、停车步骤。

21. 请试述三级保养的主要内容。

22. 请写出非正常停车步骤。

第 **3** 章

蒸汽透平机操作技术及理论基础

压缩机操作工

Chapter 3

知识目标：

1. 理解透平机的工作原理；

2. 了解蒸汽透平机的结构特性；

3. 了解蒸汽透平机的型号及其意义；

4. 了蒸汽透平机启动前的准备工作；

5. 掌握蒸汽透平机冷启动的方法与步骤；

6. 掌握蒸汽透平机正常运行时的检查与维护内容；

7. 掌握蒸汽透平机的热启动的方法与步骤；

8. 掌握蒸汽透平机正常停车与非正常停车的方法与步骤。

能力目标：

1. 能够认识蒸汽透平机上的标牌内容及其意义；

2. 能够完成蒸汽透平机启动前的准备工作；

3. 能够完成蒸汽透平机的冷启动；

4. 能够完成蒸汽透平机的热启动；

5. 能够完成蒸汽透平机正常停车和非正常停车，保证蒸汽透平机安全。

3.1 概述

3.1.1 蒸汽透平机的工作原理及其分类

在大型化工企业中，采用蒸汽透平机作为一个驱动机带动离心式压缩机将合成气压缩到所需要的合成压力是非常普遍的。蒸汽透平机有多种形式，如背压式、凝汽式、抽汽式和补汽式等，工业上主要采用背压式和凝汽式两种。在工业上能否采用蒸汽透平作为驱动机械，如能采用究竟采何种形式，这主要取决于工业装置是否有高温热量可以利用，以及蒸汽透平除了提供动力之外是否还要负担供热任务来确定。由于甲醇装置具有可利用的高温热量，而且使用的蒸汽透平还部分地负有供热任务，所以其选择的蒸汽透平应是抽气背压式和凝气式。但不论采用何种形式其工作原理基本上是相似的。

（1）透平机的工作原理

透平机是将流体介质中蕴含的能量，如热能或势能转换成机械功的机器，又称涡轮或涡轮机。透平一词来自英文 turbine 的音译，源于拉丁文 turbo 一词，意为旋转物体。透平机的结构形式随其工作条件和所用介质的不同而出现多种多样的形式，如水轮机、汽轮机、燃气透平机和空气透平机等，但其基本工作原理是相似的。透平最主要的部件——旋转元件是安装在透平轴上的转子，或称叶轮，具有沿圆周均匀排列的叶片。流体所具有的能量，如热力能、势能、化学能等，在流动中经过喷管时转换成动能，当流过转子时流体冲击叶片，推动转子转动，从而驱动透平轴旋转。透平轴直接或经传动机构带动其他机械，如离心式压缩机，输出机械功。

（2）透平机分类

透平机按所用的流体介质不同可分为水轮机（用作水电站的动力源），汽轮机（用于火力发电厂、船舶推进、化工厂的离心式压缩机、鼓风机、离心泵等），燃气透平（用作喷气式飞机的推进动力、舰船动力，以及发电厂、尖峰负荷用小型电站等）和空气透平（只能用作微小动力）等。

水轮机的水从高水位水库沿通道流向处于低水位的水轮机的过程中，高水位水的势能变成动能，推动水轮机旋转。流过水轮机的尾水沿水道流去。现代水轮机的唯一用途是作为水力发电站的动力源，带动发电机发电。如三峡大坝的水力发电站、黄河小浪底水力发电站等。

汽轮机的工质是蒸汽，具有热能。蒸汽来自燃用矿物燃料的锅炉，或是来自核动力装置加热的蒸汽发生器，或来自化工厂反应装置移走反应放热量时所产生的高温高压蒸汽。它们产生的高温高压经过热的蒸汽以高速经喷管送到蒸汽透平，驱动转子旋转，输出动力。蒸汽流速很高，透平转子尺寸较小，所以转速可达 10000r/min。汽轮机主要用于火力发电厂，驱动发电机发电；也用于远洋大型船舶和潜水艇作为主机驱动螺旋桨，推进船舶；或直接用于驱动化工厂的离心式压缩机、鼓风机、离心泵等原来需要用电力驱动的机械，效能高。

燃气透平与压气机、燃烧室成为燃气轮机装置的三大主要部件。空气进入压气机，压缩成较高压力和温度的压缩空气，流入燃烧室与燃料混合、燃烧，形成高温、高压、高速的燃气流，流入燃气透平并推动燃气透平旋转，经透平轴输出机械功。燃气透平转速高达每分钟数万转。现代燃气透平应用最广泛的是作为喷气式飞机的推进动力，有的用于舰船动力、发电厂、尖峰负荷用小型电站，也作为远距离输送天然气的气泵的动力。用作机车、汽车动力的燃气透平还在研制试验中。

还有一种燃气透平用于火箭发动机，它作为压送火箭推进剂（燃料和氧化剂）的输送泵的动力，由一个气体发生器利用化学作用产生所需要的高温气体，吹动透平旋转，带动输送泵运转。

另外，还有以压缩空气为工质推动透平旋转的，只能作为微小动力用，这种透平称为空气透平。

如图 3-1 所示为汽轮机组的示意图。

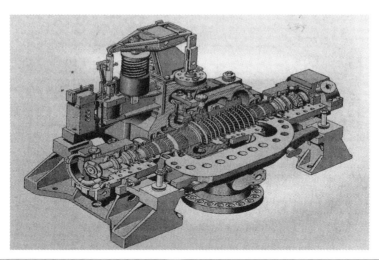

图 3-1 汽轮机组示意图

如图 3-2 透平机转子结构示意图。

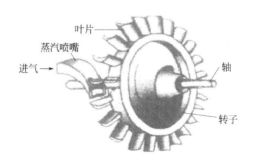

图 3-2 透平机转子结构示意图

蒸汽轮机由转子、气缸、接管、隔板、密封、喷嘴、轴构成，蒸汽透平的原理比燃气透平简单，进汽口接往蒸汽发生器（锅炉）。透平仓已经出现了高-中-低压三缸配置和高中-低压两缸配置两种。透平叶片也分为高压段、中压段和低压（背压）段。其主要工作原理与燃气透平相同，但由于一般的蒸汽透平也要负担一定的供热任务，所以在抽汽方式以及高压蒸汽回收方式上也有很多分支，如抽汽式、背压式、抽汽背压式等。

蒸汽透平按工作原理分为两类：冲动式和反动式。冲动式透平的蒸汽热能转变成动能的过程，仅在喷嘴中进行，而工作叶片只是把蒸汽的动能转换成机械能，即蒸汽在喷嘴中膨胀，速度增大，温度压力降低，而在叶片中仅将其动能部分转变为机械能（蒸汽流速降低），而由于叶片沿流动方向的间槽道截面不变，因而蒸汽不再膨胀，压力也不再降低。而在反动式透平中，蒸汽在静叶片中膨胀，压力温度均下降，流速增大，然后进入动叶片（工作叶片），由于动叶片沿流动方向的间槽道截面形状与静叶片间槽道截面变化相同，所以蒸汽在动叶片中继续膨胀，压力也要降低，由于蒸汽流沿着动叶片内弧流动时方向是改变的，因此，叶片既受到冲击力的作用，同时又受到蒸汽在动叶片中膨胀，高速喷射动叶片产生反动力的作用，冲动力和反动力的合力就是动叶片所承受的力。这就是说，在反动式透平中，蒸汽热能转变成动能的过程，不仅在静叶片中进行，也在动叶片中进行。

3.1.2 工业蒸汽透平机组的构成

工业透平机组是由五个主要设备，即锅炉、过热器、透平机、冷凝器和给水泵所构成。

1）锅炉 如化工厂的甲醇合成塔、乙烯裂解炉、环氧乙烷合成塔就是一个利用化学反应热产生蒸汽的锅炉，天然气的水蒸气转化时的烟道气也是一个辅助锅炉，高压水或中压水吸收烟道气的热量或反应过程中所放出的热量产生高压蒸汽或中压蒸汽。

2）过热器 过热器用来将锅炉汽包送出来的饱和蒸汽继续加热，在原有的压力的基础上提高蒸汽的温度，变成过热蒸汽，如转化工段中的烟道中的过热盘管，不经过热的高压或中压饱和蒸汽是不能作为透平机的动力源使用的。

3）透平机 透平机是利用蒸汽对外做功的设备，从过热器出来的高温、高压过热蒸汽流经透平机后，它的温度和压力都要下降，发生膨胀做功过程，此时蒸汽的热能转化为机械能，由透平机轴端输出，用来驱动压缩机或泵以及发电机等工作机械。

4）冷凝器 冷凝器（又称凝气器）是冷凝式透平机中工质的低温放热源。在透平机内做完功的蒸汽排放到冷凝器内，在一定的压力下将汽化潜热释放给冷却水，蒸汽凝结成水，并形成冷凝器中的真空。凝结水由凝结水泵抽出经给水泵送回锅炉，作为锅炉补给水。冷凝器的作用有两个：一是将做完功的蒸汽回收，凝结水后再供给锅炉，这样可以降低运行成本，提高经济效益，保证蒸汽质量，减少对设备的腐蚀；二是建立并保持透平机排汽口的高度真空，这对透平机的功率和透平机装置的经济性具有重大的影响。通常每台冷凝式透平机配置一台冷凝器，但也有几台透平机共用一台冷凝器的。但背压式透平机的排气压力高于大气压，它的排气可供其他用汽设备，如一些加热装置，所以不需要冷凝器。如图 3-3 所示，甲醇合成气的压缩机所用的透平机，三台透平机共用一台冷凝器，前两台为背压式，第三台凝气式。前两台蒸汽热能转换成机械能后由高压蒸汽变成中压蒸汽，中压蒸汽又变成低压蒸汽，第三台低压蒸汽转换机械能后由低压蒸汽变成冷凝水。

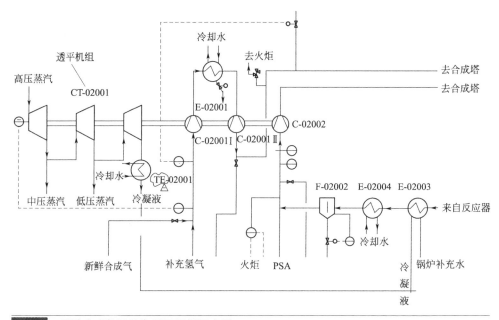

图 3-3 甲醇合成装置蒸汽透平机组示意图

5）给水泵

给水泵是将低压蒸汽凝结成水的压力提高，送入锅炉，完成热力循环过程中的压缩过程。常用的锅炉给水泵为多级离心泵。

3.1.3 工业透平机的型号、意义

工业透平机的型号意义，见表 3-1 和表 3-2。

国内制造的透平机型号采用汉语拼音和数字组合表示，一般由两段组成，第一段用汉语拼音表示透平机的热力特性或用途；第二段为几组数字，每组数字用斜线分隔开，第一组数字表示新蒸汽压力，第二组数字或其以后的各组数字所表示的意义取决于机组的类型，如果是凝汽式透平机则表示新蒸汽温度；如果是背压式则表示为背压；如果是中间再

热式透平机则第二组数字表示新蒸汽温度，第三组数字表示再热蒸汽温度；如果是调节抽汽式透平机，则第二组和第三组数字表示为两次调节抽汽的压力。

表 3-1 透平机热力特性或用途符号

热力特性	符号	用途	符号
凝汽式	N	工业用	C
背压式	B		
一次调节抽汽式	C	船用	H
二次调节抽汽式	CC		
抽汽背压式	CB	移动式	Y

表 3-2 透平机型号中数字表示意义

形式	参数表示方式
凝汽式	蒸汽初压/蒸汽初温
中间角热凝汽式	蒸汽初压/蒸汽初温/再热温度
抽汽式	蒸汽初压/高压抽汽压力/低压抽汽压力
背压式	蒸汽初压/背压
抽汽背压式	蒸汽初压/抽汽压力/背压

例如，N100-90/535 型透平机表示凝气式，额定功率 100kW，新蒸汽压力为 8.83MPa（90ata.），温度为 535℃；又如，CC25-90/10/1.2 型透平机表示二次调节抽汽式，额定功率 25kW，新蒸汽压力 8.83MPa（90ata.），高压调节抽汽压力为 0.98MPa（10ata.），低调节蒸汽压力为 0.118MPa（1.2ata.）。

3.2 蒸汽透平机启动前的准备工作

工业蒸汽透平机组是一个复杂的机组，今以蒸汽透平机驱动离心式压缩机为例，说明机组的启动与准备工作，这样对掌握透平机驱动其他工业机械就更容易了，如离心泵、鼓风机等。

蒸汽透平机启动前的准备工作的重要性在于透平机驱动离心式压缩机的启动过程中，透平机和压缩机从静止状态加速至额定转速，从室温加热到额定功率下的温度，压缩机出口压力从低压上升到额定压力，机器的各个零部件的工作条件都处于剧烈的变化之中，所以必须加强其启动前的准备工作，它是关系到启动工作能否顺利、安全运行的重要条件。准备工作的疏忽可能使机组启动时间拖长，不能按时投产，严重时还能造成设备的损坏。

启动前，首先要检查所有曾经进行过检修的地方，肯定检修工作已经全部结束，确认机组各个部分均已处于正常状态；影响操作的杂物、易燃物品应当清除干净，并应做好机组的清洁工作。在此基础上做好下列五个方面的检查与准备工作。

3.2.1 透平机的检查与准备

1）认真检查主汽阀、调节汽阀和其他安全保护装置，要求动作灵活、准确。

2）调节系统传动机构应当加以润滑，螺丝、销子、防松螺帽应当装配齐全、完好。

3）油动机与调节阀的行程应符合规定。

4）透平机与联轴器、变速器、压缩机都处于完好状态。

5）汽缸和新蒸汽管道上的通大气疏水阀应当打开。

6）其他在启动时影响真空的阀门，以及汽、水可倒回汽缸的阀门，均应处于关闭位置。

7）汽缸、高温管道及其阀门保温装置应该良好。

8）校正位移、膨胀指示值，如有可能，应当在启动前记录透平机冷态时的汽缸膨胀，相对膨胀，轴向位移，上、下汽缸温度等原始数值。

9）对于某些工业透平机应当校正汽缸膨胀的零点读数，当汽缸完全处于冷态时，指示值应当为零刻度。在推力轴承无磨损时，应当校正推力轴承磨损的指示读数。

10）校正轴向位移指示计和振动计的读数。盘动冷凝水泵的转子，检查有无卡涩现象，这是针对冷凝式汽轮机而言，对于背压式汽轮机排汽是不需要冷凝的，所以也就无需配置冷凝器和冷凝水泵。

11）打开即将投用泵的吸入阀，打开排气阀，进行冷凝水泵的联动试验。检查冷凝器的水位，冷凝器的气侧应补水至水位计的 3/4 位置，原因同 10）。

12）打开水位计的阀门，同 10）。

13）打开水室放空阀，同 10）。

14）检查水位控制器，同 10）。

15）打开水位报警器上的阀门，同 10）。

16）检查抽气器上蒸汽滤网，清除阻塞。

17）检查启动抽气器与主抽气器的各个阀门。检查密封蒸汽管道上的各个阀门。检查密封蒸汽压力控制器和仪表。

18）检查主蒸汽管路各接头法兰是否装好，严密。

19）主蒸汽截止阀门应关闭，疏水阀应打开，打开汽室疏水阀，同 10）。

3.2.2　离心式压缩机的检查与准备

1）检查透平机、联轴器、变速器及压缩机各缸之间的轴对中是否符合要求、联接可靠。

2）盘车检查压缩机转子与定子是否碰擦，变速器齿轮啮合是否良好。

3）检查气体管线安装、支承及各弹簧支座是否合适，膨胀节是否能自由伸缩，检查中间冷凝器，打开各段中冷器的壳体疏水阀，排除积水，使疏水阀处于自动排放状态；对中冷器管侧通水、排气，同前 3.2.1 节 10）。

4）各段缸体疏水阀应打开，进行排水；各管道低处的排放阀应打开排水，排水后应关上。

5）检查压缩机防喘振阀门并定位，启动前各段放空阀和回流阀应当打开，以免发生喘振，防喘振调节阀应调整在最小允许流量。

6）检查气体过滤器与分离器，清除杂物，滤网前后的压差值应符合规定。

7）进行压缩机段间中冷器高液位报警试验，当各段的中间冷却器、气水分离器的液面超过上限值时，应发出报警信号。

3.2.3　测量仪表、信号的检查与准备

1）检查各测量部位的仪表是否配全，信号是否准确、灵敏。

2）仪表的指示读数应经过检验、校准；遥控仪表与总控制配合试验，确认动作正常；检查仪表空气系统。

3）检查控制仪表的设定值；接通仪表电源；打开仪表风压管阀门。

4）记录仪表应调整记录纸上的时间。

5）检查和试验通讯设备和联络信号。

6）要特别注意对仪表、信号的检查与试验，不准确和不可靠的仪表与信号，会使我们判断错误，丧失警惕，有时会造成比没有这些仪表还要大的损失。

3.2.4 油系统的检查、试验与调整

1）检查油箱油位，不足则应加油，检查油位计，检查油温，若低于 24℃则应使用加热器，使油温在 35～40℃之间。

2）油冷器，油过滤器应充满油，放出空气。

3）检查油冷器的冷却水系统，油冷器与过滤器的切换阀位置不得弄错，应切换到需要投用的一侧。

4）主油泵和辅助油泵都应进行检查和试运转，并做联动试验，确认工作正常且转向正确后，辅助油泵可首先投运，进行油循环。

5）油温度计、压力表应当配全，量程合格，工作正常，通过油流窥视镜观察油的流动情况。

6）向蓄压器充氮，用干燥的氮气充到蓄压器中，使蓄压器内气体的压力保持在规定数值。

7）调速系统的油压调整，首先开动辅助油泵进行油循环，当油温循环到 24℃以上时停辅助油泵，并把开关拨到自动启动位置。

8）开主动油泵调整油压，采用调节泵的出口管线至回油箱的压力调节旁通阀，使调速系统油压达到规定值，调速油压达到要求后，应对润滑油压进行调试，采用调节滤油器出口管线减压阀，或手调旁通阀门，使润滑油压力达到规定值。

但要注意：绝对不允许手调润滑油出口总阀，此阀在运行时应处于常开位置，对此阀应采取防动措施。

9）调速油和润滑油的低压试验。

调速油的低油压试验，其试验目的是验证主油泵停机时，或因其他原因调速系统油压过低时，辅泵能否自动启动。常用的试验方法有两个：一是当主油泵工作正常时，将主油泵停运，使油压下降，到规定值时应发出报警信号，观察辅泵能否立即自动启动；二是主油泵正常工作时，将泵出口到回油箱的旁路阀全开，或手动调速油进口阀门，让油压下降到规定值时，应发出报警信号，辅泵应自动启动。

润滑油低压试验，其试验目的是为了验证当润滑油压力下降至规定值时，应发出报警信号，并使辅泵启动；并验证压力开关性能及停车信号系统。试验方法可通过改变润滑油管线上的阀门开度，使润滑油压下降。在初次投运时，应当进行油箱油位高、低报警试验，采用向油箱放油或加油的方法改变油位，达到规定值时应发出报警信号。加油时应当将油进行过滤。对具有密封油系统的机组应进行密封油系统试验，通过调整密封油槽的液位控制器的仪表气源压力，当达到各整定的极限值时，应分别发出"高液位报警"或"低液位报警"，辅助油泵启动，主汽阀跳闸。

3.2.5　主汽阀跳闸试验、电磁阀试验

为了确保安全，每次从完全停机状态，即静止状态准备启动时，都应进行主汽阀跳闸关闭试验和电磁阀试验。这种试验不仅在启动前进行，在启动之后低速运转时也应进行一次。进行试验前必须使油系统运行，建立正常的油压。

主汽阀试验时，关闭蒸汽总截止阀，主汽阀挂闸，将手动紧急停机手柄复位。操作紧急停机手柄，观察主汽阀动作，主汽阀应当迅速脱扣关闭。将停机手柄和主汽阀复位，用润滑油出口旁通阀将润滑油压力降低，检查主汽阀迅速关闭情况。

电磁阀试验时，用仪表室或主控制室的手动电磁阀按钮，使电磁阀通电；保证油系统泄压，确认主汽阀能迅速跳闸关闭；试验后将主汽阀挂闸复位。

3.3　蒸汽透平机的冷态启动

3.3.1　透平机启动前的准备工作

工业透平机组的冷态启动是操作中最复杂、最全面的过程。机器要从静止到额定转速，从室温到高温，从零负荷到额定负荷，从小流量到大流量，从低压到高压等全部的变化过程，透平机组的各零部件同时要经受加热、加速和加力的变化。因此，为了保证透平机组冷态启动的安全，必须做好启动前的准备工作，其中包括：

　　① 机组中各设备、仪表、管线、阀门的检查；

　　② 对机组用电源的检查，包括强电和弱电；

③ 对联动信号的实验和对保护装置的检查；

④ 对汽、水系统和油系统的检查（特别是管道阀门的开闭位置的检查）；

⑤ 与机组相关的岗位和有关部门的联系工作。

3.3.2 启动油系统

① 调整油温、油压；

② 检查油过滤器的压力降；

③ 高位油箱的油位是否满足要求；

④ 通过窥视镜检查支持轴承和止推轴承的回油情况；

⑤ 检查调节动力油和密封油系统；

⑥ 交替开停主、辅油泵。

3.3.3 暖管

由于透平机冷态启动时，蒸汽进入冷态的蒸汽管道，将使管道壁受热而温度升高，同时，由于壁冷蒸汽急剧凝结变成水。因此，必须暖管，且暖管又必须与管道的疏水密切配合，使暖管时积聚在管中的凝结水能及时疏出而不产生管道的水冲击，而水冲击严重时会造成汽阀或汽管的连接法兰的破裂。如果不慎让这些水被高速蒸汽流带入透平机时，会使透平机内部产生水冲击而使轴向力大增，并可能损坏转子和叶片。

（1）暖管的主要目的：

1）防止蒸汽凝结水的冲击；

2）防止产生过大的热应力，使管子发生永久变形，甚至破裂，而影响机组的安全。

一般所说的暖管是指主汽阀前的蒸汽管道的暖管，预热主汽阀前的管线和汽室，检查锅炉供汽的温度和压力。主汽阀至调节汽阀一段管路的暖管，一般与启动暖机同时进行。暖管所需的时间取决于管道长度、管径尺寸和蒸汽参数以及管道强度所允许的温升速度。当温升太快时，管道内外壁面温差太大，会引起很大的热应力，一般中参数机组暖管时间为 20～30min；高参数机组为 40～60min。

（2）低压暖管和升压暖管

为了在暖管时管道内不至于产生过大的热应力，所以暖管和管内升压都应缓慢进行，否则就会使金属管壁因内外温度差过大而产生额外应力，当应力过大时，就会引起管道的变形、损坏。低压暖管是用低压力、大流量的蒸汽进行暖管，蒸汽压一般维持在 0.25～0.3MPa 的低压蒸汽，升温速度以每分钟 5～10℃为宜。当管道内壁温度达到 150℃后，就可以进行升压暖管，并按每分钟 0.1～0.2MPa 的速度提升管内压力，使之升到规定数值；而对于高压大功率机组则保持在每分钟 0.5～0.6MPa 的升压速度。

（3）暖管时应注意问题

1）要求管道各部分的温度差不能过大。

2）管壁温度不得小于相应压力下的水蒸气饱和温度。

3）暖管时应注意防止蒸汽窜漏入透平机内，所以要注意蒸汽调节阀的关闭，以防止上下（立式）或前后（卧式）汽缸温差过大，造成转子热弯曲。

（4）暖管步骤

1）暖管时可通过开启蒸汽总阀的旁路阀来进行，但蒸汽总阀必须关闭。

2）如上所述，暖管时应与疏水配合，打开疏水阀。因为低压暖管刚开始时蒸汽管道的壁温约为室温，比低压暖管所用低压蒸汽的饱和温度（约 150℃）要低得多，所以蒸汽进入管道后在管壁上急剧凝结，蒸汽凝结放出的潜热使管壁金属温度升高很快。因此必须严格控制管内蒸汽的压力，不得过高，控制进气阀和疏水阀的开度，以控制进汽流量。

3）当管壁温度已升高到低压暖管压力下的蒸汽饱和温度 150℃左右时，而且管壁内外温差不大，便可以升压暖管，逐渐开大进汽阀门，将压力逐渐升到额定的压力。

4）在暖管期间可以启动抽汽器及油泵，使润滑油系统开始循环，凝汽设备投入运行，这样可以加速暖机过程，并减少建立真空的时间，此时，盘车装置也可以投入运行。

3.3.4 疏水

在暖管和启动之前要观察疏水系统工作是否正常，主汽管，主汽阀的上部、下部以及透平机本体的疏水阀、疏水器都应工作可靠。

通入蒸汽后，管路和透平机内任何部分都不应该有凝结水积聚。因此，在启动时必须将各个疏水阀全部打开，直到喷出的蒸汽不带颜色为止。

注意：

① 一般当透平机所带的负荷达到正常负荷的 $10\%\sim15\%$ 左右时，才可以将疏水阀完全关上，这时疏水可通过疏水器自动疏水。

② 刚启动时管路、阀门和汽缸的疏水容易混有杂质，水质不纯，没有回收的必要。而对于汽缸的低压段（排汽缸）情况则有所不同。在正常运行时蒸汽流经透平机末级叶片，温度压力都很低，排汽状态靠近或进入湿蒸汽区，因此在排汽缸内经常有凝结水形成，积聚在汽缸底部，这部分水量较大，水质又好，所以应当经常回收，以免汽缸内积聚太多，造成水冲击事故。

③ 回收办法是将低压排汽缸的疏水管通向疏水闪蒸罐，在闪蒸罐里用低压蒸汽加热，闪蒸后，回收液变成蒸汽进入主冷凝器进行回收。小型工业透平机高压部分和管路的疏水有时利用阻汽式疏水器（只排水不排汽），而低压段疏水利用疏水罐收集起来，然后用低压蒸汽射汽抽水器抽走，与排气一起回收到冷凝器。

在正常运行时，应当定时检查疏水阀，将水放尽冒出无色蒸汽后再马上关上。

3.3.5 盘车

（1）机组启动时的盘车

在机组启动时，如果不盘车，转子是在静止状态下通入蒸汽受热，则转子会发生不均匀的热变形，产生热应力，使得转子向上产生弯曲，影响径向间隙的均匀性，并产生振动，甚至发生严重的事故。因此，在启动冲转之前暖管时可以启动润滑油系统，并使盘车装置投入运行，使转子缓慢转动后，才可以向轴封供汽，加速抽真空。

（2）机组停机后的盘车

透平机在停机后，它的零部件逐渐冷却，这个过程的进行要经过若干个小时，对于大型工业透平机来说它的轴要经过大约 $30\sim40h$ 以后才能达到周围环境温度。如果轴不是在运动中逐渐冷却的话，就会产生弯曲变形。因为热气体向上升，转子上部温度较高，处在热的环境中；而轴的下半部处在较冷的环境中，因为冷气体积聚在下部。转子上、下部的温差可以达到 $50\sim60℃$，因此，转子（主要是轴）下面的金属材料与上部的金属材料发生收缩的速率不同，使其产生向上弯曲。弯曲程度开始时逐渐增大，使透平机在停机后的某一段时间内不允许再启动。此段时间内如果再启动，由于轴的弯曲率最大，容易造成转子和定子的碰撞和强烈的振动，导致发生事故。超过一定时间之后，机内的温度趋于平衡，轴的温度也趋于一致，轴开始逐渐伸直。因此，对于每台透平机在停机之后都有一段时间不准机组再启动。而这段时间的长短，因机、因地而异，可以通过实验的方法来确定。可用千分表准确地测出轴的变形与时间的关系曲线，此曲线可作为透平机开、停车的参考，有的在制造厂的说明书中有所规定。

（3）盘车方法

盘车的目的就是为了减少轴弯曲变形，根据各机组情况不同盘车可以有手动盘车和电动盘车。

1）手动盘车（定期盘车）对于没有盘车设备的机组用手动盘车，即定期地将转子转动180°角，这样原来向上弯曲的部分，转动后将逐渐变直，然后再向相反的方向弯曲。但必须注意：要准确地转动180°角，否则这种措施收不到效果。如果需要再启动的话，最好选在两个转动时间间隔的中间，这时转子正好接近伸直状态。

盘车间隔时间随不同机组和停机以后的不同时间段而不同，这主要取决于转子弯曲变形速度，而变形速度又与转子结构、尺寸和透平机转子的上下部分温差有关。若结构尺寸一定，则只与上下部分温差有关。因此，每次盘车间隔时间也该作相应地变化，即刚停机时上下部分温差小，盘车的时间间隔可稍长，此后由于转子上下部分温差增加，盘车时间间隔可适当缩短。再以后机内温度又趋于均匀，转子上下部分温差又减少，盘车时间又可延长，当转子变形小到一定数值时即可停止盘车。在实际操作过程中，为了操作上的方便，将盘车过程作了适当的简化，一般在停机初期（4～8h内）每隔15～30min盘车一次，此后将盘车时间间隔逐渐延长，甚至每隔1～2h盘车一次。一般来说，停车初期先每隔30min，过4h每隔60min将转子盘转180°。总之，只要保证在每次盘车时，转子的挠度不超过安全启动所允许的最大挠度（0.03～0.05cm）就可以使透平机安全启动，具体盘车时间要遵照各机组制造厂的规定。

2）电动盘车（连续盘车）在透平机停机后冷却的全部阶段内，或者启动前的一定时间内，利用电动盘车设备不断地、慢慢地转动转子，使转子均匀受热、均匀变形以达到安全运转目的。这种装置在一般工业透平机上都有。停机时透平机转子完全静止以后，必须立即投入盘车装置；在启动时，必须先开动盘车，然后才可向轴封供汽。各机组应当按照制造厂规定的盘车时间和盘车方式进行盘车。当然，在盘车之前必须将润滑油系统投运。如果停机时打算不久即将再次启动，应当在转子静止到下次转子冲动前的一段时间内进行连续盘车。连续盘车时间对高压机组一般不应少于 3~8h，中压机组不应少于 1~2h，在此后可改为定期盘车。在启动之前应再改为连续盘车，一般机组应在转子冲动前两小时进行连续盘车。

（4）盘车时应注意的问题

1）在盘车时应尽可能地保证轴承的必要的润滑条件，以免损坏轴瓦。

2）在盘车时转子应以低速转动。

3）在盘车时轴颈处不能形成正常的油膜，可能形成半干摩擦，轴承的轴瓦会发生额外的磨损，因此盘车时间也不要太长。

4）对于没有盘车设备的机组，在转子冲动前暖管阶段，最好定期手动盘车，使转子上下部分均匀受热；转子冲动后，应当在低速下充分进行暖机，低速暖机时间不应太短，以弥补没有连续盘车的缺陷；停机后最好设法手动盘车，停机到再启动时间间隔不应太短，以消除转子变形，使转子恢复正常。

5）没有盘车设备，而手动盘又相当困难的话，不盘车进行启动时，最好在转子冲转后再向轴封供汽，以免转子在静止时受热变形。如果轴封不供汽不能建立必要的起重力真空的话，在轴封供汽后，要马上冲动转子，中间时间不要拖得太长，以免转子静止受热时间太长产生变形。

3.3.6 建立真空

1）建立真空的必要性　冷凝式透平机在转子冲动前，循环水泵、冷凝水泵和抽气器等设备都已投入运行，目的就是为了建立必要的启动真空。启动真空度高，也就是冷凝器内的绝对压力低，从而汽缸内压力低，则机内空气密度小，转子转动时摩擦鼓风损失就小，转子冲动时阻力小，可以减少冲动转子所需要的蒸汽量。这样做一方面减少蒸汽消耗，提高经济性；另一方面又可减少叶片所受的力，因为叶片所受的力与蒸汽流量成正比，这对提高安全性是有好处的。另外，真空度高亦即排汽压力低，相应的排气温度也低，对冷凝器来说也是安全的，铜管胀口也不至于受到损坏。如果启动真空度低，则转子冲动时阻力大，启动汽量大，除了不经济外，叶片受力也大，冷凝器所承受的排汽温度高，这对叶片和冷凝器的安全都是不利的。如果真空度太低，阻力大，若主汽阀开度不足，则可能造成转子一时冲动不起来，而蒸汽又进入机内，会形成"静止暖"现象。转子在静止状态一般说来是严禁通入蒸汽的，因为这会造成轴的弯曲。如果转子是处于盘车状态，情况可能稍好一些，所以除制造厂有特殊规定的机组外，一般不允许在过低的真空下冲动转子。

2）机组启动时真空度的要求 一般透平机冲动转子时真空度要求达到450～500mmHg，最低不应低于300mmHg。在这样的真空度下冲动转子，在转子转动后，真空度不会降到100mmHg以下，大气安全阀不至于动作，有的机组应用的单管真空计也不至于被吹掉，同时在这样的真空度下冲动转子排汽温度不太高，可减少排汽缸的膨胀速度，对减少汽缸热应力也是有利的。一般中压机组启动真空为正常真空的60%～70%左右，随着转速的增加，真空也应随之上升，有的工业透平机要求启动真空度应达到600mmHg，而升速时真空度应在650mmHg以上，没有明确规定的机组，在启动时真空至少应当达到350mmHg以上。

3.3.7 轴封供汽

当透平机转子冲动前，抽汽器已经投入工作，如果它所建立的真空值能够达到要求，就可以在不向轴封供汽的条件下冲动转子，在冲动后立即向轴封供汽，使真空随转速增加而不断提高。抽汽装置所能建立的真空值与抽汽器的性能及轴封间隙的安装、调试质量有关。如果抽汽装置不能达到300mmHg以上的真空或者透平机要求在较高的真空下冲动，就应首先向轴封供汽。向轴封供汽的目的是为了防止空气沿轴流入汽缸，较快地建立有效的真空，并减少叶片受力。如在冲转前向透平机轴封供汽，应当在机组连续盘车的状态下进行。

透平机转子在静止状态下一般禁止向轴封供汽。对于制造厂有特别规定的透平机，以及轴封不供汽不能达到启动所需真空的透平机，在短时间内向轴封送汽又不至于引起不正常情况发生时，则可以考虑提前向轴封供汽，但应严格遵守供汽时间，转子转动前供汽时间不能太长，并按制造厂说明书严格执行。因为转子静止时向轴封供汽，轴封处局部温度升高很快，并会从轴封处向汽缸内部漏汽，引起轴颈和转子受热不均匀而发生弯曲，甚至使转子和定子在启动过程中发生碰撞，引起振动，严重的会导致透平机的损坏。

对于有盘车设备的机组，一般可以在连续盘车状态下先向轴封供汽。如果需要的话，对于没有盘车设备的机组，也可在每隔几分钟将转子转动180°的情况下，向轴封供汽。对于不能进行盘车的机组，从安全的角度来说最好在转子冲动后，再向轴封供汽。如果不供汽启动真空建立不起来的话，也可以在冲动转子之前向轴封供汽，但是转子静止时轴封供汽时间一定不能太长。轴封供汽后，争取尽快冲动转子。

3.3.8 冲动转子

冲动转子是启动操作的关键，真正的启动是从这里开始。在这之前的工作是属于准备工作。冲动转子是透平机由冷态变到热态，由静止到转动的开始。操作关键是控制透平机金属温度的升高和转子转速的升高。

转子刚转动时，接近额定温度的新蒸汽进入金属温度较低的透平机，这时蒸汽对金属进行剧烈凝结放热，因此透平机金属温度变化剧烈容易造成很大的热应力。随着转速的升高，透平机的温度也将升高，汽缸内蒸汽对金属对流放热的成分逐渐增大，金属温升速度才放慢。

新蒸汽在进入透平机之前应达到50℃的过热度，即超过蒸汽饱和温度50℃。为了减少热应力，在额定参数下冷态启动机组，采用限制新蒸汽流量，延长暖机升速时间的办法来控制金属加热速度。

冲动转子的方法有手动冲动和自动冲动。目前德国西门子、日本、意大利制造的工业透平机组普遍采用启动器自动启动，操作方便，控制汽量灵活。利用启动装置可开启速闭主汽阀，启动透平机，它是透平机从启动到调速器投入工作之前这段过程中的操作单元，它通过油压系统控制主汽阀的开度，并限制调节汽阀的开度，从而起到功率限制作用。

当蒸汽进入透平机后，第一级前的压力已升高到规定的冲转数值（一般为额定压力的10%～15%）以上时，应注视转子是否转动，尤其对没有盘车设备的机组更要特别注意，因为蒸汽流量很小，刚启动时转速很低，压力表与转速表量程又很大，压力与转速的变化不易被发现。如果此时转子没有转动，应当停止冲转，待消除不能冲转的原因后再行启动。

具有连续盘车装置的机组，应当在冲转后自行脱扣。盘车中转子摩擦力已有减少，不需要冲动静止转子那样大的蒸汽流量。

转子转动后，注意转子转动情况，监视转子并判断转子转动是否正常。用听棒监听机组内部有无金属碰擦声，检查各轴瓦的振动。如轴承箱有明显的晃动，说明转子存在暂时弯曲或发生碰擦。如果发现有碰擦声应当紧急停机，并找出原因。因为此时转速低，又无汽流声，有问题易于发现。冲转后应当检查冷凝器的真空值，由于一定数量的蒸汽突然进入冷凝器，真空可能降低很多。当蒸汽正常凝结后，真空又要上升。要注意调整冷凝器的水位，防止冷凝器无水和满水的情况。要检查各轴瓦的回油、油温情况。

冲转后待一切正常后，使转速维持在低于额定转速的某一转速下进行暖机。暖机转速应根据启动升速曲线或操作规程确定。

3.3.9　暖机与升速

转子冲转后，在转速升到额定转速之前，需要有一个暖机和升速过程。暖机的目的在于使汽轮机部件受热均匀，减少温差，避免产生过大的热变形和热应力。暖机的转速和时间随着机组的参数、功率和结构的不同而不同。冲动式透平机，级数不多，间隙较大，为叶轮式转子，因而所需暖机时间相对较少；级数多、间隙小的反动式透平机，暖机所需的时间就需要很长。中参数透平机暖机时间较短，高参数透平机暖机时间则较长。

目前多采用分段升速暖机，即在不同的转速阶段进行暖机。这种暖机方式要比稳定在一个低转速下进行暖机效果要好。一般分为低速暖机、中速暖机和高速暖机。低速暖机转速为额定转速的 $10\%\sim15\%$；中速暖机转速为额定转速 $30\%\sim40\%$；高速暖机转速为额定转速 80% 左右。在各个转速阶段暖机的持续时间视机组而异，低速暖机时间对中参数机组约为 $20\sim30min$，高参数机组则要长些，约为 $1\sim2h$。低速暖机的作用除了减少热变形与热应力外，主要是给运行人员提供一个全面检查机组在启动后工作情况的机会。对没有盘车装置的机组低速暖机时间可稍长一些。

中速暖机是中、高压透平机启动的重要环节，中速暖机必须充分，因为中速暖机后升速时，将要通过临界转速，进入高速暖机。如果中速暖机不充分，则在通过临界转速和进入高速暖机时金属温升速度可能加快。中速暖机一定要避开转子的临界转速，要在 70% 临界转速以下。

因为启动时蒸汽参数和真空都不稳定，因此转速受到干扰，也不稳定。如暖机转速离临界转速太近，转速波动时很容易落到临界转速区内，引起机组剧烈振动，可能造成事故。带动离心式压缩机的工业透平机的额定转速都很高，从低速暖机到临界转速之间的中速暖机可分为两段或三段进行，以免每段转速上升过多，金属温升太快。一般在中速暖机前后，法兰内、外壁金属温差显著增加，法兰与螺栓的温差也显著增加。因此这时要严格控制法兰内、外壁温差，法兰与螺栓温差和左右两侧法兰温差，注意检查透平机金属温度、汽缸膨胀、相对膨胀和汽缸左、右两侧的对称膨胀情况。

高速暖机是过临界转速后到接近调速器工作最低转速一段，一般可分为两个或三个转速阶段进行。高速暖机是升速过程中透平机加热速度最大的阶段。此时由于进汽量大，金属膨胀比较严重。高速暖机阶段需要 30min 以上。高速暖机阶段也需要对机组进行全面检查。如果机组振动值过大，则禁止强行升速。当一切正常，充分进行高速暖机后，可继续升速到调速器工作的转速。调速器开始动作时，一定要检查调速器工作情况，此时透平机进入自动调节。转速升高后润滑油温度将升高，冷凝器真空也将发生变化，因此应当注意调整。

机组投入自动调节后，再运行暖机一段时间便可以上升到额定转速。在额定转速下要运行一段时间，对机组进行全面检查，并进行保安系数试验。一切正常后便可准备加负荷。在达到额定转速前的升速过程中，应当注意排汽温度的变化。冷凝式透平机的排汽温度将有所提高。另外，新蒸汽严重节流，根据节流原理和蒸汽性质，蒸汽节流后焓值不变，压力降低，蒸汽焓膨胀线在焓熵图上向右移，而排汽压力一定，终点温度便提高，可能提高到过热区，因此排汽温度升高。再者启动时一般真空度都较低，排汽压力高，因而排汽温度也随之提高。最后，靠近末级叶片尺寸大，鼓风摩擦损失大，使蒸汽加热。由于以上原因使排汽温度升高，与冷凝器中的蒸汽压力值不对应，这是启动中的特殊现象，应当加以注意。排汽温度过高，能使汽缸受热和膨胀不均，使机组中心变动，引起振动。它也会造成冷凝器铜管胀口开缝，使冷却水漏出。我国电站高压透平机在启动时控制排汽温度在 60℃ 以下，有的机组专门设有冷凝器低负荷时的喷水装置，在排汽温度高于 60℃ 时投入使用，以降低排汽温度，减少无负荷运行时间，维持适当的真空和适当的蒸汽流量，对控制排汽温度有一定的作用。

升速和暖机是密切相关的，从冲转后低速暖机到额定转速，整个过程就是暖机和升速过程，也是透平机各部件升温过程，升速的速度决定允许温升的速度，根据运行经验，低中参数机组可按每分钟 2%～3% 额定转速提升速度。若升速过快，会引起金属过大的热变形与热应力；若升速过慢，会引起启动时间不必要的延长，也并无好处。具体机组的升速和各阶段暖机时间应严格按照各机组的升速曲线执行。

在操作上要注意，在升速之前应当对机组进行全面检查，并做好升速的各项准备工作，机组应一切正常，蒸汽参数、真空、油系统、保安系统、机组振动值和轴弯曲度等都应合乎要求。上下汽缸之间、汽缸结合面法兰与螺栓之间的温差不应太大。对高压机组应当测量调节段上下汽缸之间温差，升速之前不应大于 35℃，最大不应超过 50℃。温差太高时，应检查附近汽缸上的疏水阀是否正常，疏水是否通畅。升速之前油温不应低于 30℃，油压应正常，否则不应升速。透平机各部件膨胀要均匀、正常；转子和汽缸的差胀值不应超过规定，当发现两侧热膨胀不对称以及和规定数值不符时，应停止升速。升速时真空应达到规定值，当转速达到调速器工作转速时，真空应当达到正常数值。

透平机的振动值是升速中重要的监视指标，要特别注意各轴承处振动值的变化，当发生不正常的振动时，表明暖机不良或升速过快，会造成透平机主要部件的变形或中心线变动，甚至引起摩擦。此时应将转速降低，再暖机 10～30min，直到振动达到允许值后，振动可以消除，然后再升速。如升速后仍然出现过大的振动值则应立即打闸停机，查明原因，予以消除。

注意：振动过大时，绝不允许强行升速！否则会造成转子永久性弯曲等恶性事故。

对于高速工业透平机，应当保证在轴承上的全振幅值 $A \leqslant 25.4\sqrt{\dfrac{12000}{n}}$ （μm），式中 n 为透平机主轴转速，r/min。如果轴上不易测得读数，应当测量轴承座读数，允许值应当低于在轴上测振的允许值的 50%。

3.3.10 通过临界转速

临界转速就是透平机组转速与透平机转子自振频率相重合时的转速，此时便会引起共振，结果导致机组轴系振动幅度加大，机组振动加剧，长时间在这种临界转速下运转，就会造成破坏事故的发生。临界转速对透平机的柔性转子来说是客观存在的，是不可避免的。我们应当掌握它的规律，在升速过程中加以控制，迅速、安全地渡过临界转速这一关。

目前大的透平机组几乎都采用柔性轴，它的工作转速大于第一阶临界转速。由于第二阶临界转速太高，在工业转速范围内一般碰不上，一般要求工业转速范围 $1.4n_{c1} \leqslant n \leqslant 0.7n_{c2}$。透平机与工作机械组成的机组，其临界转速不只是一个，一般透平机每个转子有一个，驱动工作机械的每个气缸也各有一个（柔性轴结构），这些临界转速凑在一起便构成机组的一个临界转速区域，升速时要迅速通过临界转速区。在通过之前应当稳定运行一段时间，一般为 15～30min 左右，

在此期间主要进行机组的全面检查并充分暖机，为通过临界转速做好充分准备。要检查蒸汽参数、真空、油系统、保安系统、喘振系统、轴承、阀门和振动及机内声音，并做好记录。

通过检查，证明一切合乎规定，具备通过临界速度条件时，及时向主控室报告。快速通过临界转速时，一般要以 1000～1500r/min 的升速速度通过，在临界转速区内不得停留，要在 2～3min 内通过。主控室要密切配合现场，监视机组通过临界转速时各种参数的变化，特别要监视转速、振动和轴向位移。预先向锅炉岗位通知，做好供汽工作，保证汽压和汽温。现场人员应当合理分工，密切监视转速、油温、油压、振动，用听棒监听机组内部，并实测转子的临界转速。

通过临界转速区后，机组要稳定运行一段时间，一般为 15～30min，便于对机组进行全面检查。特别要注意检查轴承、轴封和监听设备内部声音，观察在临界转速时是否由于振动加大造成异常或破坏。如果振动造成异常，应当暂停升速，采取措施加以消除。另外，通过临界转速区时，因为升速较快，汽量有较大增加，金属部件也产生较大的温差。为了避免温差过大，膨胀不均，产生热应力和振动，通过临界转速后还应再稳定暖机一段时间。

3.3.11 调速器投入工作

手动主汽阀或启动器提升透平机转速到调速器最低的工作转速后，调速器开始工作，进入自动控制。透平机转速由调速器控制、风压信号控制，或者也可以由主控室控制。这时主汽阀或启动手轮便可以全开，开满之后再向后退半转，以免受热卡住。

一般规定，调速器最低工作转速为额定转速的 85％，而跳闸停机转速为额定转速的 110％。当转速靠近调速器最低工作转速时，特别要注意观察调节汽阀的动作。当达到调速器工作转速时，调节阀门应当关小，阀杆应当下行。因为调速器动作前，调节汽阀是全开的，进入透平机的汽量是靠手动主汽阀节流控制的，只有确认调速器投入工作后，才可将主汽阀或启动器手轮全开，开满后倒转半圈。

调速器工作后，机组便进入自调空转运行，应当报告主控室，并稳定运行一段时间，对机组进行全面检查，确认一切正常后，则可进行危急保安器试验和超速试验。

3.3.12 跳闸试验与超速试验

当透平机暖机升速完成后调速器投入工作，稳定运行 10～15min 后，在额定转速下对机组进行全面检查，确认一切正常，则可进行危急保安器试验和超速试验。

机组在第一次试运或大修后，以及停机一个月以上，或者运行 2000h 以后，必须进行危急保安器的动作试验。可用手动打闸危急保安器使机组停机，或用停机按钮或电磁跳闸阀使机组停机，也可由主控室操作停机按钮停机。进行试验时要特别注意跳闸时主汽阀的动作，是否迅速灵敏，最好用秒表精确记录一下从打闸到停机的时间，绘出透平机惰走曲线。

超速跳闸试验时，由主控制室或手动调速器使机组升速，并用准确的转速表测量转速，记录机组超过额定转速后的跳闸实际转速。跳闸转速一般为额定转速的 110％。如果转速超过额定转速 110％以后，机组未能跳闸，此时必须降速，或用手动保安器停机，不得再继续升速。每次试验均应连续进行两三次检查，再次跳闸动作的最大转速差不应超过 0.6％。如果超速跳闸的转速不符合规定，则应停机检查，并作调整，而且调整完成后再进行试验，直至符合规定转速为止。

超速试验在机组初次运行时，必须进行，在正常投产后，每月应进行一次。

超速跳闸后，重新启动透平机，除临界转速外，以 1000～1200r/min 的升速速度，升到调速器的动作转速，然后再用手动调速器作超速跳闸试验。跳闸停机后，待到转速降到额定转速的 90％以下时，方可将手动危急保安器复位，将主汽阀挂扣。

每台透平机都有自己的启动、升速曲线，试车和启动时必须严格遵守。

3.3.13　透平机带负荷

对于带动压缩机、离心泵和鼓风机等工业机械的透平机，启动时是带动工业机械一起启动和升速的（即带负荷启动和升速）。因此，升速和加负荷是分不开的。驱动压缩机的透平机是带着负荷启动，由于启动时压缩机的气体回流或放空，因此是低负荷或者称为"空载"，当压缩机开始逐渐缓慢升压时，则为加负荷。

透平机不宜长时间"空载"或低负荷运转，除了有特殊的需要，如拖动发电机的透平机用于干燥发电机、透平机单机试验、压缩机进行气体循环或压缩机试验等，除此之外透平机不应长时间空转或低负荷运行。长时间空转或低负荷运行会造成一些不良后果，如调节汽阀在开度很小的范围内工作，蒸汽节流现象严重，压力下降大，流速也大，使调节汽阀的阀座和阀体磨损加剧。另外，在无负荷或低负荷运行时，通过透平机的蒸汽流量很小，不足以把转子转动时的摩擦鼓风损失所产生的热量带走，这就导致排汽温度高于正常值，会造成排汽缸或冷凝器温度过高。一般透平机允许的长期运行最低负荷为 10％～15％额定压力，尽量减少透平机空转时间，尤其当压缩机与透平机脱开，透平机单独运行时，运转时间不要太长。在无负荷或低负荷运行时，特别注意排汽缸的温度，不要超过规定值，一般中压冷凝式机组控制在 120℃以下，短时间运行可以允许到达 150℃。

透平机带动压缩机联合运转，在压缩机升压、并入系统送气之前，应属于低负荷运行。透平机加负荷是指压缩机升压，并入管网系统送气。压缩机升压并网前要运转一段时间，这段运转为低负荷暖机。低负荷暖机时间不要太长，此时应对透平机和压缩机进行全面检查，并与有关部门联系，做好加负荷，即压缩机升压并网的准备工作。

　　透平机从无负荷或低负荷过渡到满负荷的加负荷过程，也是透平机的温度上升过程。增加负荷就意味着增加蒸汽量，因此透平机各级的压力和温度将随着流量的增加而提高，温度上升的速度与负荷增加的速度成正比。为了将金属的热应力和热膨胀控制在允许的范围内，必须控制加负荷的速度，该速度取决于最危险的区域（通常为调节级处）金属允许的加热速度。加负荷速度的具体数值应根据每台机组的特点来确定，主要是监视调节级处汽缸法兰金属温升速度及差胀值。国内电站用透平机的允许加负荷速度，中压机组约为每分钟升高 4％～5％ 额定负荷；高压机组为每分钟升高 1％～2％ 的额定负荷。当负荷升至 30％～40％ 额定负荷时，为了控制汽缸沿横断面的金属温差不超过允许值，需要停留一段时间进行暖机，然后再继续升高至额定负荷。

　　在加负荷过程中，必须密切监视汽缸膨胀、轴承振动、差胀、轴向位移、新汽参数、控制点金属温差、油系统状态等；要特别注意监视振动情况，加负荷引起的振动，说明机组加热不均匀，可能改变了机组的中心，或因轴向、径向间隙消失引起动静部分摩擦。无论是几个轴承，或者是一个轴承的某个方向（垂直、水平或轴向）的振动逐渐增大，都必须停止加负荷，使机组在原负荷下继续运行一段时间。如果振动没有消除，可再降低 10％ 负荷运转一段时间。当振动减少后可以继续加负荷。如果停止加负荷后振动仍然很大，或再次加负荷时振动重新出现，这就要仔细分析原因，采取措施和决定是否机组继续运行。负荷增加时，蒸汽流量增加，轴向推力要增大，因此要对转子轴向位移、推力轴承温度、推力轴承的回油温度等进行认真的检查和记录，发现异常应停止加负荷，并分析原因，予以处理。检查调节系统动作是否正常，油动机、调速器手轮（同步器）、调节汽阀等动作应当灵活、不卡涩，汽动控制系统应正常。当转动调速手轮（同步器）而负荷不增加时，应停止旋转，在没有查明原因之前，应将手轮先向减负荷方向退回几转。

　　根据负荷增加的程度，调整轴封的蒸汽压力，保持在规定值。注意监视和调整冷凝器的状态，如调整不当会造成冷凝器内满水或凝结水泵失水现象。

　　透平机加负荷后，应关闭汽管和汽缸上的直接疏水阀，蒸汽室上的疏水阀一般应在最后一个调整汽阀开启以后再关闭。

　　工业透平机带负荷运行规程可参见离心式压缩机带负荷运行规程。

如前所述，离心式压缩机的升压（加负荷）可以通过增加转速和关小放空阀或回流阀来实现，但操作要缓慢稳妥。为了升高压缩机的出口压力必须逐渐打开出口阀门，并缓慢地关小放空阀或回流阀，直至全关，以使压缩机出口有合乎要求的流量和压力。如果通过流量调节还不能达到规定的出口压力，此时必将透平机升速。切记加负荷中要防止离心式压缩机发生喘振。当压缩机通过检查确认一切正常，工作平稳，其出口压力比管网系统压力高 0.1~0.2MPa，就可将压缩机出口阀门逐渐打开，向系统输送气体，并入管网并保持出口压力的稳定。

不同用途的透平机组的加负荷的概念不同。对驱动发电机的透平机组加负荷是指并入电网，即并列。并列后透平机开始带负荷，负荷可逐渐加大，即输电量逐渐增加。工业透平机带动发电机组进行启动后，长期处于无负荷或低负荷运行状况。当透平机升速到额定工作转速并定速后，经全面检查各项监视指标均已在正常范围之内并且空转试验合格后，即应使机组迅速与电网并列，带规定的低负荷。并列后透平机不宜长时间在无负荷或低负荷下运行，因为无负荷或低负荷时，进入透平机的蒸汽量较少，不足以将转子转动时摩擦风所产生的热量带走，导致排汽缸温度升高超过允许值。透平机带负荷的过程，实际上是继续对透平机各部件加热的过程，增加负荷必然要增大进汽量，使透平机各部件金属又受到一次剧烈加热，因此，需在低负荷下进行暖机。

随着负荷的增加，进汽量增大，透平机各级压力和温度随之升高，透平机金属温度也随之升高，为了把金属的热膨胀和热应力控制在允许的范围内，必须严格控制加负荷的速度。加负荷速度一般取决于调节级汽室金属的允许温升速度。根据透平机参数和结构不同，加负荷速度亦不同，中参数透平机大约每分钟增加 4%~5% 额定负荷，高参数透平机大约每分钟增加 1%~2% 额定负荷。加负荷过程中，金属的温升速度、汽缸膨胀和胀差都变化较大，故分别在几个负荷点相应地停留进行暖机，并适当调整法兰螺栓加热装置，以保持透平机各部分金属温度均匀上升，使各项控制指标始终在允许范围之内。

加负荷时要相应的调整轴封蒸汽，根据凝结水质情况回收凝结水，调整冷凝器水位。随着负荷的增大，相应增大循环水量，维持合理真空运行。当负荷增加到额定值，经全面检查符合要求后，即投入正常运行状况。

3.3.14　透平机运行中的检查与维护

透平机运行时应监视蒸汽的温度和压力,冷凝器(冷凝式)的真空,水、气、油的温度、压力和流量,机组的振动和轴位移等。

蒸汽温度应经常维持在额定值,其变化不应超过规定值。当蒸汽温度超过允许范围时,应联系有关部门迅速恢复汽温,并对机组运行情况进行全面检查,记录透平机超温时间和蒸汽温度。当蒸汽温度继续缓慢下降或急剧下降时,应及时打开主蒸汽管道和汽缸的疏水阀,按制造厂或有关规定减负荷或停机。一般当急剧下降 50℃ 以上时,为避免水冲击确保机组安全,应立即拉闸停机,严禁透平机在超过设计温度极限下运行。

蒸汽压力应经常维持在额定值,其变化范围不应超过规定值,蒸汽压力降低或超过允许值对机组的安全、经济运行都不利。超出规定范围时应与有关部门联系迅速恢复,汽压降低超过 0.5MPa(表压)时应按制造厂规定降低负荷,如汽压继续下降应根据具体情况打闸停机。实际上蒸汽压力与蒸汽温度是一一对应的,压力高温度高,压力低温度低。

对于冷凝式蒸汽透平机的冷凝器真空度应维持在规定范围内,真空度下降时应根据情况按制造厂或有关规定减负荷,同时立即查明原因设法消除。正常运行中,当机组振动、轴位移、止推轴承温度正常,监视段压力不超过规定值时,一般主冷凝器真空不应低于 550mmHg(表压)。

根据透平机第一级后压力与通流部分蒸汽流量近似成正比例的原理,在透平机正常运行中应监视第一级后压力的变化,判断蒸汽流量、功率及通流部分是否结垢,以保证机组的安全运行。各机组蒸汽流量与第一级后压力的关系曲线见各自的运行规程。每台机组开车正常后,应在机组通流部分干净的情况下(如新转子或大修后)记录第一级后压力作为该机组的标准监视段压力。机组运行中,在负荷和其他参数相同的条件下,实际第一级后压力应超过制造厂规定或标准监视段压力。第一级后压力比制造厂规定或标准监视段压力的相对增长值达 20% 时,可判断为透平机通流部分结垢,应进行清洗。正常运行中,禁止在超过制造厂规定的该透平机额定功率对应的监视段压力下运行。

机组运行中要密切监视各转子轴位移的变化,其轴位移正常值范围和报警值应按制造厂有关规定正确定好。当轴位移逐渐增大,出现"黄灯"报警而再持续增加时,应加强监视并检查转子止推轴承油温或止推瓦块乌金温度、润滑油温和油压;检查透平机蒸汽参数、排汽压力、压缩机气体成分和进出口压力及出口流量;检视透平机及工作机械的振动情况,注意静听透平机或压缩机内及轴封处有无不正常声音;检查压缩机有无喘振现象,发现异常应立即报告上级。在轴位移"黄灯"报警期间,应注意避免机组负荷发生大幅度或剧烈波动。当轴位移逐渐增大,出现"红灯"报警或轴位移急剧增加时,应立即拉闸停机。

透平机组振动值应不超过允许范围,运行中应经常监视机组振动值和振动的变化情况,当机组振动值达到"红灯"停机值时,应拉闸停机。对于具有转子振动信号动态分析装置的机组,应根据振动情况进行定期或不定期的全面分析。

机组运行中油过滤器前后压差值达到制造厂规定值,或油冷却器出口油温超过规定值,应将油过滤器或油冷却器切换使用备用设备,为此应检查和确认备用油冷却器油侧没有积水,备用油过滤器芯等安装正常,缓慢打开油过滤器或油冷却器之间的连通阀,同时打开油过滤器或油冷却器顶部的排气阀,放空直到油溢出。空气全部放净后关闭,密切注意不使润滑油压和调速油压发生波动。油冷却器水侧排气和通水,开启冷却水阀。检查油路上蓄压器,确认氮气压力符合规定。

机组运行中,主油泵切换至辅油泵时,应检查蓄压器氮气压力是否正常。

3.4 蒸汽透平机热态启动

工业透平机的热态启动,是指透平机在未完全冷却的状态下再行启动。热态和冷态的划分,视不同机组而异。一般用透平机冷态启动时在额定转速下的金属温度作为界限,当下汽缸的外壁温度高于它的叫热态,低于它的叫冷态。不同机组的冷态启动额定转速下的金属温度不同,一般约在 $150 \sim 200℃$ 之间。因此,一般规定下汽缸外壁温度在 $150 \sim 200℃$ 以上属于热态。工业透平机一般常用停机的时间长短来区分冷态与热态,这个时间一般由制造商规定。但一般来说,新安装或经过检修或停机时间较长而汽缸外壁温度接近常温时的透平机启动都是冷启动。

一般认为，透平机停机后 2～12h，特别在停机 5h 内，转子的热弯曲最大，有些机组把这段时间规定为禁止重新启动时间，因此对热态启动应特别注意，必须确保透平机的安全。各机组热态启动条件应按制造商规定。若制造商无规定时，下述状态可做热态启动，即透平机因联锁误动作跳闸等原因透平机停机后立即或很快地恢复运转；透平机停运 2h 内（此时汽缸的汽室附近外壁温度大约在 150～200℃左右），盘车未中断准备很快启动以及因工艺或其他系统故障，透平机短时间低速暖机运转而重新启动升速。有的机组热态启动的条件控制较严，启动前需测量转子的晃动值，一般转子最大弯曲值不允许超过 0.03～0.04mm，上、下汽缸温差和胀差不允许超过允许值，进汽参数应高于汽缸金属温度 50～100℃，否则不允许热态启动。

热态启动的透平机应按热态升速曲线升速，以较快的速度升速到调速器最低工作转速，并将负荷加到停机前的水平，升速中应严密监视振动情况。在振动值正常的情况下，机组尽量不做或少做速度停留，逐步连续将转速升至调速器最低工作转速，然后按工艺要求提升转速和加负荷，透平机升速至额定转速后，经确认机组运转一切正常后，就可以按冷态启动要求带负荷。

热态启动具有一系列特点。首先就是在启动之前机组金属部件已具有较高的温度；其次就是启动升速过程中，不需要暖机，只要操作跟得上，就应尽快启动。但是，由于透平机经过短时间停机各部件的金属温度都还比较高，而且由于停机后各部件的冷却速度不同而存在温差，因此处于热态的透平机在启动前就存在着一定的热变形，动、静部件间的间隙已经发生变化。当启动前热变形超过允许值或启动过程中操作不当时，将造成动、静部件的严重磨损和大轴弯曲事故，因此热启动时必须注意。热启动还有一个特点就是在启动之前汽缸和转子就已存在着一定的热弯曲变形，透平机在停机中各部件的冷却是不均匀的，下部冷却得快，形成上下温差，使汽缸和转子向上弯曲。汽缸由于结构厚，保温良好，停机后只靠内部冷却，一般要经过 2～3 天或更长的时间，上下汽缸的温差才能趋于一致。转子热弯曲自透平机停机时开始，随着上下部温差的增大而逐渐增加，经过转子弯曲达到最大值 f_{max} 所对应的时间 t_{max} 后，再继续冷却后，又逐渐缩小。当经过一定时间透平机完全冷却后，上下部温差消失，弯曲值也逐渐消失。汽缸上下部温差最大时为

60℃甚至100℃，由此而产生的转子最大弯曲值可达到0.1～0.3mm，此值大于安全启动时所允许的最大弯曲 f' 值。对高压机组，允许的弯曲 f' 值一般不超过0.03～0.04mm。所以在停机后某一段时间内禁止启动透平机，不同机组时间段不同，一般认为停机后在2～30h内，各类机组禁止启动，具体时间请参阅制造厂商的技术说明书。

每台机组在停机后达到最大热弯曲的时间 t_{max} 对安全启动具有重要意义，这个时间应由运行经验确定。对于小型机组为停机后1.5～2.0h；对于中等容量或较大容量机组为5～12h；对于更大容量和更高参数的机组时间更长，有的将近30h。

当转子处于最大弯曲时启动最为危险，这是因为：

① 转子转动可能引启动、静部分的碰擦，产生大量的热量，使轴的两侧温差增大，更加大了轴的弯曲，弯曲加大又加剧了碰擦，形成恶性循环，将使转子在发热处产生塑性变形和永久性弯曲，造成事故。

② 由于转子弯曲，转子重心偏离回转中心，使转子产生不平衡离心力，造成机组强烈振动。振幅的大小与转速的平方成正比。当透平机升速时，振幅增加很大，严重时会使透平机无法继续升速。

③ 造成干气封的磨损或损坏，增加漏汽量和轴向推力，可能发生转子轴位移过大或推力轴承的毁坏。

为了保证透平机在热态下安全启动，必须注意下列事项：

① 严格遵守规定的再启动时间，避免在转子最大弯曲时启动，没有盘车装置或未按规定投运盘车的机组，不准在禁止启动时间内启动，具体再启动时间按制造厂说明书规定。

② 注意盘车。在停机后立即连续盘动转子，是缩短禁止启动时间、消除热弯曲的有效方法。定期盘车效果较连续盘车效果差，它只能减少热弯曲，而不能消除热弯曲。定期盘车要定时地将转子盘转180°，如果有加热装置的话，可用人工加热下汽缸的方法，来减少汽缸的温差。热态启动前机组必须处于盘车状态，如果透平机跳闸停机后，不能进行盘车，而又需要热态启动，则必须在跳闸5min内启动。如果停机时打算不久将再行启动，应当在转子静止到下次转子冲动前的一段时间内进行连续盘车。连续盘车时间对于高压机组一般不应少于3～8h，中压机组不应小于1～2h。在此之后可改为定期盘车，在启动之前应再改为连续盘车。一般机组应在转子冲动前2h进行连续盘车。如果跳闸停机后未

盘车时间超过 2h，则透平机不得按热方式进行启动。

③ 控制进汽温度必须符合要求，同时保证进汽量，而主蒸汽管线温度必须超出其蒸汽饱和温度 50℃ 以上。冲转透平机的温度，应当比当时透平机进汽部分的金属温度高出 30～55℃，这样可以避免由于汽温低于金属温度而使透平机产生冷却现象，这样既可以缩短启动时间，也可以避免转子产生急剧收缩，以免造成通汽部分的轴向动、静部分间隙消失。为了使蒸汽温度达到要求，热态启动时暖管必须充分，这样新蒸汽进入透平机时，温度不会下降很多。

④ 高压透平机热态启动时，应严格监督调节段附近上下汽缸的温度，在冲动转子前不应超过 50℃。

⑤ 对热态启动的机组，应在盘车状态下先向轴封送汽，然后再启动抽气器抽真空。这样轴封段转子不致被冷空气所冷却，避免局部收缩，引起前几级动叶片进汽侧轴向间隙减小。对盘转中的转子，提前供给轴封蒸汽，还可以迅速建立真空，缩短启动时间，转子又不会产生热弯曲。但要注意，送往前轴封的蒸汽温度应当采用制造厂规定的上限数值，以免蒸汽温度比金属温度低的过多，导致转子收缩太大。

⑥ 冲转后，当检查机组一切正常时，应在启动过程中适当加快升速和带负荷速度，避免使原来在较高温度状态下的部件急剧冷却。热态启动时，从金属温差和汽轮轴向间隙的观点出发，快速启动和快速带负荷，对透平机来说是安全的，采取较慢的速度对机组反而是不利的。

热态机组再启动时，为了防止汽缸金属温度下降，部件冷却收缩而使机组产生振动，应当根据再启动前汽缸的温度，在同一机组的冷态启动曲线上找出与此温度相对应的工况点，这个工况就是该次热态启动的起始工况。冲动转子后，升速，加负荷时，减少在这工况点之前的一切不必要的停留，除了做必要检查工作必须停留之外，快速地以 200～300r/min 的升速速度，把转速升到起始工况。到起始工况后，透平机的加热已符合金属温度变化的要求，因此下步继续升速、加负荷就可以完全按冷态启动的要求进行。即达到起始工况点后，继续升速，加负荷便可按冷态升速曲线，往往与冷态启动升速曲线同时给在同一图表之中。

⑦ 加强监视机组的振动和轴位移。振动是由转子的弯曲，轴向、径向间隙的消失，动、静部分的摩擦，机组中心的偏斜等原因引起的。

在热态启动中，这些问题发生的可能性要比冷态启动时大得多。如果发现较大的振动，应立即降速，查明原因并消除后方可升速。如若振动过大到"红灯"报警值，则应拉闸停机，待重新检查转子弯曲，采取措施，消除振动原因后，才可以重新启动机组。

热态启动时机组很快就可以达到额定的转速，油温如果低于正常运行的温度，则可能由于油膜不稳而引起振动，引启动静间隙的变化，转子弯曲，机组中心偏斜，从而导致严重的后果，所以在冲转前，将油温加热到正常运行的油温，达到 35～40℃。

⑧ 加强准备工作。热态启动过程快，要求机组保温良好，不使转子及汽缸温差过大，要求操作熟练、准确和迅速。启动前尽量做好一切准备工作，在启动过程中，系统的切换工作应减少到最少，加强与其他单位的配合与联系。

3.5　蒸汽透平机的停机

工业透平机的停机，是一个复杂的变化过程，如果操作不当会引起一些严重后果，因此制造厂和运行厂都对停机操作制订明确的规程，必须严格遵守。

停机一般有两种：一是正常停机，即事先根据生产计划，有准备的停机；或者根据机组运行情况，需要停机处理，已与有关部门联系并得到上级部门的批准。二是非正常停机，即机组在运行中，因设备故障或发生事故不能继续运转，需要强迫停机，或者工艺系统发现问题，上级指示主机马上停机，以确保生产安全，这种停机也叫做事故停机。

透平机的停机过程是一个降温过程、逐渐冷却过程。随着机组温度的下降，各部件受到不均匀的冷却，也将产生热变形和热应力，但与启动过程所产生的情况相反。因此停机过程中的降速、减负荷速度应当比开机时升速、升负荷速度要小。停机的降速、减负荷过程中，新蒸汽参数可以维持额定值保持不变，而用减少进汽量的办法来降速、减负荷，一般的常规停机都是这样的。另外一种方法可以随着负荷的减少，而逐渐降低新汽的压力和温度，这种叫做"滑参数停机"。从热变形和热应力的角度出发，滑参数停机对机组有利，但给锅炉供汽带来不少的麻烦，紧急停机时根本无法实现这种方式。

在正常停机中，根据不同的停机的目的，在运行操作上也应有所不同，停机后所保持的汽缸金属温度水平也不同。如果只需要短时间停机，很快需要再启动的话，这时要求汽缸金属温度在较高的水平，停机时可以用较快的速度减负荷、降速，大多数汽轮机可以在 30min 内均匀地降速、减负荷，安全停机，不会产生过大的热应力。如果机组停机后，需要长时间停运或者属于计划大修停机，一般要求停机后汽缸金属温度较低，以便及早开工检修，缩短工期，这时可以采用滑参数停机，也可以采用额定参数停机。在这种停机过程中应在不同的转速负荷下适当停留运转，也可把汽缸金属温度降低一些。

为了保证机组的安全，减负荷速度应有一定的限制，控制数值主要取决于汽缸金属允许的温度下降速度，一般要求每分钟下降不得超过 1.5℃。为了保证这个降温速度，在下降一定转速后必须停留一段时间，使汽缸和转子的温度均匀降低。在各个转速阶段的运行时间和降速速度，原则上可以按升速曲线的逆过程进行。在不同的转速阶段运行一段时间。逐渐分阶段降速，直到停机，这对机组的安全是有好处的。在减负荷过程中，不宜在低负荷或无负荷低转速下维持长时间的运行。

对柔性转子，降速过程与升速过程一样，都要通过临界转速区。在通过之前应做好准备，通过之后要认真检查，在临界转速区内不得停留，应快速通过。

在减负荷降速过程中，应当做好压缩机的防喘振准备工作，应当采取"降速先降压"的原则。即在降速之前，根据压缩机的特性曲线，校对下个转速下对应的喘振流量极限值。降速后运行点不要落在喘振区内。根据每个压缩机的特点，降速前采取卸压、防喘措施。如打开旁通阀使气体打循环或打开放空阀等。在紧急停机时要注意，应首先安排压缩机的防喘工作，切断工艺系统，然后再拉闸停机，否则系统内的高压气体会倒流，引起压缩机的喘振和轴承的烧毁。

减负荷过程中要注意调整冷凝器的水位，一般应开大凝结水再循环阀，当转速下降至大约为正常转速的 1/3 左右时，可停用抽气器，以使当转速降至零时，真空也正常降至为零。

轴封供汽不可过早停供，以防大量冷空气漏入汽轮机汽缸内，发生转子轴封段局部急速冷却，严重时会造成轴封磨损。一般当真空降至为零时，才停供轴封供汽，这样可使汽缸内、外压力相当，冷空气不会进入汽缸。

降速过程中要保证一定的真空，目的是为了将机内湿汽抽出，保持机内的干燥，防止停机期间发生腐蚀。短期停机的保养要求不高，可以在转速降至为零之前，就可使真空降至为零以加速停机。

在停机时，转子的摩擦鼓风产生热量，但此时已停止供汽，汽缸内部得不到蒸汽的冷却，因此停机过程中，排汽缸温度反而会上升，甚至可达 120℃。有的机组在排汽口装有喷水装置供停机时使用，以防排汽口及冷凝器温度过高。在停止进汽后，循环水泵仍应继续运行一段时间。在转子停转约 1h 后，排汽缸温度降至 50℃ 以下时，才可以停止循环水。

当转子完全停止转动后，盘车装置应立即启动进行盘车，以减少或消除转子在静止后由于汽缸本体上下部冷却速度不同而引起的转子热弯曲，为下一次启动创造良好的条件。

停机后辅助油泵需要继续运行，以保证盘车时轴承润滑油的供应，同时也为了带走高温的汽缸沿轴颈向轴承箱中部件散发的热量，以防轴承乌金过热。直到轴承出口油温达到规定值，并不升高时，才能停用辅助油泵。对于高压汽轮机，油系统运行时间不应少于 8h。对中低压、中小容量的汽轮机，油系统运行时间一般不少于 4h。一般当机组轴承温度低于 43℃，轴承出口油温降到 38℃ 以下时，才可以停运油系统。

停机后系统中仍有疏水排向冷凝器，因此停机后一段时间内，仍要维持凝结水泵的继续运行，继续使冷却水通过冷凝器。在短时间内需要启动的机组，凝结水泵和冷却水泵没有必要停运。对短时间内不再启动的机组，当确认冷凝器无任何水源进入后，才可以停止凝结水泵的运行。

停机后应严防高温蒸汽从各管道漏入汽轮机内部，否则可能使上下汽缸温差过大，造成轴的弯曲。

停机后要严防设备发生腐蚀，必须保证关严各汽、水系统阀门，全开防腐蚀阀门、导管和排入大气的疏水阀，排除与汽轮机和压缩机缸体相连接的管道和缸体低洼处的积水（通过放净阀）。根据各机组的实际情况，有时还要堵塞某些蒸汽和疏水管路，某些部件还要涂抹油层。

在气温较低的北方，冬季停机后应做好防冻工作，对室外设备和管道应特别注意，所有设备和管道的放水阀，如冷油器、中间冷却器，冷凝器和汽水管道等，都要打开以防积水。

3.5.1　正常停机的主要操作步骤

1）停机前的准备工作。

① 与主控制室及有关部门联系，协同配合。

② 试验辅助油泵，使其运转正常。

③ 盘车电动机空转试验，转动正常，以便转子静止时立即投入连续盘车，避免转子发生热弯曲。

④ 检查主汽阀，向关闭方向稍微活动一下，使其转动灵活，无卡涩现象。

⑤ 检查压缩机各段及管线阀门开度状况，各放空阀或回流阀，流量控制阀及防喘振装置等，确认处于正常状态。

2）减负荷。

① 与主控室联系，做好工艺系统方面的减负荷准备工作。

② 接到停车通知后，关闭压缩机送气阀，同时缓慢打开有关的回流控制阀或放空阀，使气体全部进行循环或放空，使压缩机与工艺系统切断。

③ 由主控制室或现场用手动汽轮机调速器或启动器将汽轮机降速到调速器最低工作转速。降速缓慢均匀，打开所有的防喘振阀和回流阀。开阀顺序与关阀顺序相反，应先开高压后开低压。阀的开与关都必须缓慢进行，防止因关的太快而使压升比超高而造成喘振，同时也要防止因回流阀打开过快而引起前一段入口压强在短时间内过高而造成转子轴向应力过大，使止推轴承损坏。整个降速、停机过程应按升速曲线的逆过程进行，在各转速阶段停留一定的时间。

④ 准备通过临界转速区和共振区，对机组各部分状况进行一次全面检查，倾听内部声音。

⑤ 快速通过临界转速区，在临界转速区和共振区附近不得停留。转速低于 70% 临界转速区时，可停留运行一段时间，对机组进行全面检查，尤其注意机组的振动、轴向位移和差胀。

⑥ 用启动器或主汽阀手动降速，降到 500r/min 左右再运行 30min 左右，低速运行时间不应人长。

3）调整汽轮机轴封的密封蒸汽压力。随着负荷的变化，要调整密封蒸汽压力，以维持轴封的正常工作，防止冷空气进入轴封。

4）检查冷凝器。检查冷凝器水位和水位控制器，当负荷降到一定程度之后，稍开再循环管阀门。

5）停机。

① 在500r/min左右运行30min后，用手打闸停机或迅速关闭主汽阀停机。要注意主汽阀一定要关严，待关死后再回转1/2圈。注意记录从打闸到转子全停的惰走时间，惰走时要注意倾听内部的声音。惰走曲线的形状或惰走时间标志着转子转速的下降速度，它与机组转子的惯性力矩、摩擦鼓风损失以及机组的机械损失有关。如果惰走时间显著增加，则说明新汽管道或抽汽管道阀门不严，有蒸汽漏入汽缸。为了简化操作，在一般情况下只记录惰走时间，但在大、小修前停机时，应作惰走曲线，在大、小修之后停机时，也应当作惰走曲线，以便比较判定机组的技术状态。

② 停止抽气器运行。应先关工艺气体阀，后关蒸汽阀，停止轴封供汽，停止轴封抽气器，当转子完全静止时，真空应当低到零。

③ 如果要求加速停机，应破坏真空，为此应打开真空破坏阀，并停止向抽气器送汽。

6）盘车装置运转。转子刚停就应盘车。没有盘车装置的汽轮机停机4h内每30min应人工盘转90°，保持间断盘车，4h以后，可以每隔1h盘转1次。停车后盘车，由于润滑条件不良，不利于保护轴颈和轴承，故停机后盘车时间不宜过长，停机后连续盘车时间一般以8～16h为宜。盘车时注意润滑油温度，在冷却后油温应为30～40℃。如果油温过低，则应当调整油冷凝器的冷却水量。

7）停辅助水泵。停凝结水泵后停循环水泵，在转子停止约1h，排汽缸的温度降到50℃以下，可停止循环水。如果暂时停机，循环水也可以不停。如果汽轮机长期停运，则应将冷凝器中的循环水放掉，以免发生腐蚀。如果转子静止后，通过轴承的油温已降到40℃，可停供冷油器的冷却水。

8）停运各压缩机的中间冷却器。

9）打开各疏水阀。

10）盘车装置停运。一般停机后48h才可停止盘车。如果是暂时停车，则盘车器可以不停。

11）油系统停运。转子静止后，辅助油泵应连续运转一段时间以便冷却轴颈、轴承和供盘车润滑，一般当油温降到 30℃ 以下，可停运辅助油泵。如果发现轴承温度上升，可再启动油系统。如果暂时停机，油系统可以不停，关闭密封油系统。

12）压缩机卸压、排放。如果机组要长期停机，在把进出口阀都关闭以后，应使机内气体降至常压，并用氮气置换，进一步再用空气置换后，才能停油系统。关闭与汽轮机相通的所有汽、水系统管路上的切断阀，防止汽、水进入汽轮机，特别注意关闭主汽阀前面的蒸汽截止阀。

13）关闭所有控制器、警报器和保安跳闸系统。

14）防腐、防冻。较长时间停止运行的机组，应进一步考虑防腐、防冻等保护措施。

3.5.2　紧急停车

根据现场生产情况和机组运行情况，在发生特殊情况或接到上级指示后，需要立即停机，以确保机组的安全或生产安全，这时操作人员应当沉着冷静，迅速地采取措施，实行紧急停机。

（1）紧急停机的条件

究竟在什么情况下紧急停机，这需要根据各机组的用途、生产中所处的位置和各使用部门的具体规定执行。但对于一般汽轮机组而言，在下述情况下应当采取紧急停机措施，立即打闸停机，破坏真空，并向主控制室和有关部门报告。

1）蒸汽、电、冷却水和仪表气源以及压缩工艺气体等突然中断；

2）汽轮机超速，转速升到危急保安器动作转速而保安跳闸系统不动作；

3）抽汽管线上安全阀启跳后不能自动复位，处理又有危险；

4）机组发生强烈的振动，超过极限值，保安系统不动作；

5）能明显地听到从设备中发出金属响声；

6）发生水冲击；

7）轴封内发生火花；

8）油箱内油位突然下降低到最低油位以下；

9）油系统着火，并且不能很快扑灭；

10）油压过低，而保安系统不动作；

11）机组任何一个轴承或轴承出口油温急剧升高，超过极限值，而保安系统不动作；

    12）轴承内冒烟；

    13）主蒸汽管道破裂；

    14）转子轴向位移突然超过规定极限值，而保安系统不动作；

    15）冷凝器真空下降到规定值以下而不能恢复；

    16）压缩机发生严重喘振而不能消除；

    17）压缩机密封系统突然漏气，密封油系统故障不能排除；

    18）压缩机系统和控制仪表系统发生严重故障而不能继续运行；

    19）主蒸汽中断或温度、压力超过规定极限值，通知锅炉岗位采取措施无效；

    20）机组调节控制系统发生严重故障，机组失控而不能继续运行；

    21）机组断轴或断联轴器；

    22）油管、主蒸汽管、工艺管道破裂或法兰弛开而不能堵住泄漏处，又无法消除；

    23）各使用单位，工艺系统发生规定紧急停机的情况，工艺系统发生事故；

    24）机组及其附属管道发生火灾、爆炸等恶性事故；

    25）出现威胁机组和运行人员人身安全的意外情况等。

    （2）紧急停车操作

    在机组发生故障、自动保安系统又不起作用，机组不能继续运行，或接上级指示需要立即停机时，操作要点如下。

    1）手打危急保安器或其他跳闸机构，切断蒸汽进入汽轮机的一切通路，必要时应当迅速破坏真空（打开真空破坏阀）。

    2）打闸同时，要检查自动主汽阀、调节蒸汽阀和抽气止逆阀是否关闭，检查压缩机回流旁通阀、放空阀是否全开。如果防喘振控制阀不能自动打开，需要迅速打开旁通阀或放空阀以防止喘振。检查送气管线上的止逆阀是否关闭，以防止气体倒流。

    3）有备用机时，在汽轮机组拉闸之前，应将备用机组启动开关拨到"自动启动"位置，以防止气体的倒流。

    4）向主控制室及有关上级部门或其他岗位迅速报告机组停机。

    5）根据需要启动辅助油泵。

    6）完成操作规程所规定的其他操作。

思 考 题

1. 简述透平机的工作原理。
2. 根据使用介质不同，透平机分为哪几种类型？
3. 工业透平机由哪些设备构成？
4. 透平机启动前应做好哪些检查与准备工作？
5. 测量仪表与信号应做好哪些检查和准备工作？
6. 为什么不能手调润滑油的出口总阀？
7. 如何进行主汽阀的跳闸试验？
8. 透平机冷启动前为什么要暖管，暖管过程有何要求？
9. 什么叫做低压暖管？升压暖管？
10. 机组启动时为什么要盘车？
11. 机组停机后为什么要盘车，如何进行盘车？
12. 透平机启动时如何建立真空？
13. 如何冲动转子？
14. 对通过临界转速时有何要求？
15. 如何投入调速器工作？
16. 如何进行跳闸试验和超速试验？
17. 透平机加负荷过程应注意哪些问题？
18. 热启动的条件是什么？热启动具有哪些特点？
19. 如何正常停机，并写出操作步骤。
20. 在什么情况下需要紧急停机？如何紧急停机？

参 考 文 献

［1］ 原化工部教育培训中心. 压缩机. 北京：化学工业出版社，1997

［2］ 冯元琦. 甲醇生产操作问答. 北京：化学工业出版社，2000

［3］ 董大勤. 化工设备机械基础. 第 2 版. 北京：化学工业出版社，1994

［4］ 谢克昌，李忠. 甲醇及其衍生物. 北京：化学工业出版社，2006

［5］ 天津大学化工原理教研室. 化工原理. 天津：天津科学技术出版社，1993

［6］ 彭德厚. 甲醇岗位操作工. 北京：化学工业出版社，2013

［7］ 赵玉峰等. 离心式压缩机操作曲线及防喘振控制系统. 佳木斯大学学报，2006. 01，31～33